库伦荞麦
高质量标准体系

◎ 张春华　呼瑞梅　主编

中国农业科学技术出版社

图书在版编目（CIP）数据

库伦荞麦高质量标准体系 / 张春华，呼瑞梅主编 . --北京：中国农业科学技术出版社，2022.10

ISBN 978-7-5116-5969-9

Ⅰ. ①库…　Ⅱ. ①张…②呼…　Ⅲ. ①荞麦-产品质量标准-内蒙古　Ⅳ. ①S517

中国版本图书馆 CIP 数据核字（2022）第 198612 号

责任编辑	姚　欢
责任校对	王　彦
责任印制	姜义伟　王思文

出 版 者	中国农业科学技术出版社
	北京市中关村南大街 12 号　　邮编：100081
电　　话	（010）82106631（编辑室）　　（010）82109702（发行部）
	（010）82109709（读者服务部）
网　　址	https://castp.caas.cn
经 销 者	各地新华书店
印 刷 者	北京建宏印刷有限公司
开　　本	185 mm×260 mm　1/16
印　　张	7
字　　数	130 千字
版　　次	2022 年 10 月第 1 版　2022 年 10 月第 1 次印刷
定　　价	88.00 元

《库伦荞麦高质量标准体系》
编委会

主　编： 张春华　　　呼瑞梅

副主编： 周美亮　　刘伟春　　伙秀兰

编　委（按姓氏笔画排序）：

丁　宁	于晓弘	王先智	王宏伟	王振国
王　健	王探微	文　峰	邓志兰	叶英杰
白乙拉图	白照日格图	包宏伟	伙秀兰	刘伟春
齐金全	孙晓梅	苏布道	李文洁	李　岩
张力焱	张凯旋	张春华	张桂华	张　琦
张絮颖	陈景辉	呼瑞梅	金晓光	金晓蕾
周美亮	赵智宇	贾东岩	贾娟霞	郭大利
郭　富	黄丽丽	黄前晶	崔凤娟	塔　娜
董志朋	董志强	韩凤轩	潘君香	

前　　言

质量提升，标准先行。标准是传播知识和技术的有效载体。建立统一、先进、科学的标准，实际上是一个知识获取、知识吸收和知识创新的过程。农业标准化是现代农业的重要基石，也是提升农产品质量安全水平，增强农产品市场竞争力的重要保证，是提高经济效益、增加农民收入和实现农业现代化的有效措施。农业标准化是农牧业发展从数量型向质量、品牌、效益、安全、生态型发展的重要途径。把握国内市场的高质量发展需求，旨在通过开展质量标准提升行动，加快实施质量和标准化战略，不断强化质量第一、以质取胜意识。

通辽市作为传统的农牧业区，把着力发挥通辽市农业特色优势，建设好绿色农畜产品生产加工输出基地，扎实推进通辽地区农牧业向标准化、规模化、品牌化方向发展，全面提升地区农牧业建设水平，以及为社会、消费者提供更多更好的优质农产品等方面列为当地发展的重要课题。为此通辽市组织多家单位完成了库伦荞麦产业的 15 项地方标准的制定，既是为了提升库伦荞麦产业标准化水平，也是为了打造内蒙古自治区优势绿色农产品品牌，为"蒙"字标认证提供标准基础，为激发自治区农产品经济发展活力、内生动力和整体竞争力做出一定贡献，同时还可促进质量发展成果全民共享，为加快内蒙古自治区全面振兴全方位振兴提供质量标准支撑。《库伦荞麦高质量标准体系》是通辽市乃至内蒙古自治区农业特色产业的一个重要项目，是库伦旗以及通辽市荞麦发展史上的重要成果，体现了地区特色，必将对通辽地区荞麦产业发展起到积极促进作用，必将对荞麦产业向绿色、高端转型发展起到积极推动作用。

本书的编写人员都是工作在通辽地区农业科技推广和加工一线的技术人员，有着丰富的生产实践经验，熟悉本地区荞麦生产及发展情况，编制的库伦荞麦高质量标准具有较强的实用性和科学性。本书是通辽市荞麦产业标准的集成，代表了通辽市乃至内蒙古自治区荞麦产业的发展水平，内容丰富，涉及地理标志产品、产地环境质量、种子、原种繁育、良种生产、全程机械化生产，以及荞麦产品荞麦米、荞麦粉、荞麦壳、荞麦茶的加工技术和质量要求等诸多方面，是一部很好的荞麦标准生产及产业发展的参考书。希望本书的出版发行能有力促进各地区荞麦产业发展，提升产业发展水平。

由于作者水平有限，编制标准经验不足，以及库伦荞麦高质量标准体系涉及多环节多领域，专业跨度大等原因，书中不足之处在所难免，恳请读者指正。

编委会

2022 年 9 月

目　　录

地理标志产品　库伦荞麦 ·· 1

库伦荞麦产地环境质量要求 ·· 11

库伦荞麦　种子 ··· 18

库伦苦荞麦原种繁育技术规程 ··· 22

库伦苦荞麦良种生产技术规程 ··· 30

库伦荞麦全程机械化生产技术规程 ·· 35

库伦甜荞麦米加工技术规程 ·· 41

库伦苦荞麦米加工技术规程 ·· 47

库伦荞麦壳加工技术规程 ··· 52

库伦荞麦粉加工技术规程 ··· 57

库伦苦荞茶加工技术规程 ··· 63

库伦荞麦米质量要求 ··· 68

库伦荞麦壳质量要求 ··· 75

库伦荞麦粉质量要求 ··· 83

库伦苦荞茶质量要求 ··· 90

附录一　库伦荞麦高质量标准体系框架图 ································· 98

附录二　库伦荞麦高质量标准体系表 ·· 99

附录三　库伦荞麦高质量标准体系标准统计表 ························· 104

ICS 67.060
CCS B 22

DB15

内 蒙 古 自 治 区 地 方 标 准

DB 15/T 951—2022
代替 DB15/T 951—2016

地理标志产品　库伦荞麦

Product of geographical indication-Kulun buckwheat

2022-07-29 发布　　　　　　　　　　　2022-08-29 实施

内蒙古自治区市场监督管理局　　　发　布

前　　言

本文件按照 GB/T 1.1—2020《标准化工作导则　第 1 部分：标准化文件的结构和起草规则》的规定起草。

本文件代替 DB15/T 951—2016《地理标志产品　库伦荞麦》，与 DB15/T 951—2016 相比，主要变化如下：

    a)   增加了 9 项引用文件" GB/T 191 包装储运图示标志、GB/T 3543.7 农作物种子检验规程 其他项目检验、GB 5009.3 食品安全国家标准　食品中水分的测定、GB/T 5009.36 粮食卫生标准的分析方法、GB/T 5009.102 植物性食品中辛硫磷农药残留量的测定、GB/T 5493 粮油检验　类型及互混检验、GB 7718 食品安全国家标准　预包装食品标签通则、GB/T 17109 粮食销售包装、国家质量监督检验检疫总局公告〔2006〕第 109 号《关于发布地理标志保护产品专用标志比例图的公告》"（见第 2 章）；

    b)   删除了 DB15/T 951—2016 中 3 项引用文件"GB/T 5009.18 食品中氟的测定、GB/T 25222 粮油检验　粮食中磷化物残留量的测定　分光光度法、GB/T 5497 粮食、油料检验　水分测定法"（见 2016 版第 2 章）；

    c)   增加了术语和定义"库伦荞麦、互混率、异色率"（见 3.1、3.5、3.6）；

    d)   更改了"库伦甜荞麦、库伦苦荞麦、不完善粒的定义"（见 3.2、3.3、3.4，2016 版的 3.1、3.2、3.4）；

    e)   删除了"容重、杂质"的定义（见 2016 版的 3.3、3.5）；

    f)   增加了"见附录 A"（见第 4 章）；

    g)   更改了"甜荞麦、苦荞麦"分类（见 5.1、5.2，2016 版的 5.1、5.2）；

    h)   增加了"6 地理环境及 6.1、6.2、6.3、6.4"的相关内容（见第 6 章）；

    i)   更改了"6 质量要求和卫生要求"，变为"7 质量要求"（见第 7 章，2016 版第 6 章）；

    j)   增加了"7.1 感官要求"（见 7.1）；

    k)   增加了质量要求中"异色率及指标"（见 7.2）；

    l)   更改了"容重、水分、甜、苦荞麦总黄酮、脂肪酸值指标"（见 7.2，2016 版的 6.1）；

    m)   更改了"6.2 卫生指标"，变为"7.3 卫生指标"，并对部分项目指标进行重新修订或删除（见 7.3，2016 版的 6.2）；

    n)   更改了"7 检验方法"，变为"8 检验方法"（见第 8 章，2016 版第 7 章）；

    o)   删除了"7.8、7.9、7.10、7.11、7.12、7.13、7.14、7.15"（见 2016 版 7.8、7.9、7.10、7.11、7.12、7.13、7.14、7.15）；

    p)   更改了"甜荞麦和苦荞麦互混率检验"（见 8.8，2016 版的 7.16）；

    q)   增加了"异色率检验"及相关内容（见 8.9）；

r)　　更改了"大、小粒的测定"（见 8.10，2016 版的 7.17）；

s)　　更改了"8 检验规则"，变为"9 检验规则"（见第 9 章，2016 版第 8 章）；

t)　　更改了"9 标签标识"，变为"10 标签标识"，并修订了其内容（见第 10 章，2016 版第 9 章）；

u)　　更改了"10.1 包装"，变为"11.1 包装"及内容（见 11.1，2016 版的 10.1）；

v)　　删除了"附录 A　甜荞麦与苦荞麦互混含量的测定；附录 B　大、小粒甜荞麦的测定"（见 2016 版附录 A、附录 B）；

w)　　增加了"附录 A　库伦荞麦地理标志产品保护范围图"（见附录 A）。

本文件由通辽市市场监督管理局提出。

本文件由内蒙古自治区农业标准化技术委员会（SAM/TC 20）归口。

本文件起草单位：通辽市农牧科学研究所、中国农业科学院作物科学研究所、库伦旗农业技术推广中心、内蒙古自治区农牧业科学院、内蒙古弘达盛茂农牧科技发展有限公司、内蒙古绿研农业开发有限公司、内蒙古库伦旗蕴绿菌业食品有限公司、内蒙古自治区质量和标准化研究院。

本文件主要起草人：张春华、呼瑞梅、刘伟春、周美亮、张凯旋、金晓蕾、于晓弘、苏布道、黄前晶、张桂华、郭大利、伙秀兰、丁宁、齐金全、文峰、王健、张力焱、叶英杰。

地理标志产品　库伦荞麦

1　范围

本文件规定了地理标志产品库伦荞麦的术语和定义、地理标志产品保护范围、分类、地理环境、质量要求、检验方法、检验规则、标签标识、包装、贮存和运输的要求。

本文件适用于国家质量监督检验检疫行政主管部门根据《地理标志产品保护规定》批准保护的库伦荞麦。

2　规范性引用文件

下列文件中的内容通过文中的规范性引用而构成本文件必不可少的条款。其中，注日期的引用文件，仅该日期对应的版本适用于本文件；不注日期的引用文件，其最新版本（包括所有的修改单）适用于本文件。

GB/T 191 包装储运图示标志

GB/T 3543.7 农作物种子检验规程　其他项目检验

GB 5009.3 食品安全国家标准　食品中水分的测定

GB 5009.11 食品安全国家标准　食品中总砷及无机砷的测定

GB 5009.12 食品安全国家标准　食品中铅的测定

GB 5009.15 食品安全国家标准　食品中镉的测定

GB 5009.17 食品安全国家标准　食品中总汞及有机汞的测定

GB/T 5009.20 食品中有机磷农药残留量的测定

GB 5009.22 食品安全国家标准　食品中黄曲霉毒素 B 族和 G 族的测定

GB/T 5009.36 粮食卫生标准的分析方法

GB/T 5009.102 植物性食品中辛硫磷农药残留量的测定

GB/T 5490 粮食检验　一般规则

GB/T 5491 粮食、油料检验　扦样、分样法

GB/T 5492 粮油检验　粮食、油料的色泽、气味、口味鉴定

GB/T 5493 粮油检验　类型及互混检验

GB/T 5494 粮油检验　粮食、油料的杂质、不完善粒检验

GB/T 5498 粮油检验　容重测定

GB/T 5510 粮油检验　粮食、油料脂肪酸值测定

GB 7718 食品安全国家标准　预包装食品标签通则

GB/T 17109 粮食销售包装

NY/T 1295 荞麦及其制品中总黄酮含量的测定

国家质量监督检验检疫总局令〔2005〕第 78 号《地理标志产品保护规定》

国家质量监督检验检疫总局公告〔2006〕第 109 号《关于发布地理标志保护产品专用标志比例图的公告》

3　术语和定义

下列术语和定义适用于本文件。

3.1
库伦荞麦 Kulun buckwheat

在库伦荞麦地理标志产品的保护范围内，经标准化种植、加工生产出的甜荞麦、苦荞麦原料及产品。

3.2
库伦甜荞麦 Kulun common buckwheat

在库伦荞麦地理标志产品的保护范围内，经标准化种植、加工生产出的甜荞麦。

3.3
库伦苦荞麦 Kulun tartary buckwheat

在库伦荞麦地理标志产品的保护范围内，经标准化种植、加工生产出的苦荞麦。

3.4
不完善粒 unsound kernel

发育不良或受到机械、生物损伤尚有利用价值的籽粒。

3.5
互混率 intermixing rate

试样中混入的甜荞麦或苦荞麦占试样的质量百分率。

3.6
异色率 the rate of heterochromatic seeds

异色粒重量占试样重量的质量百分率。

3.7
筛下物 material passed sieve

通过直径 2.5 mm 圆孔筛的物质。

4　地理标志产品保护范围

库伦荞麦地理标志产品保护范围限于国家质量监督检验检疫总局根据《地理标志产品保护规定》（国家质量监督检验检疫总局令〔2005〕第 78 号）批准的范围，即：内蒙古自治区通辽市库伦旗现辖行政区域，见附录 A。

5　分类

5.1　甜荞麦

大粒甜荞麦，千粒重大于等于 30.0 g 的甜荞麦；
中粒甜荞麦，千粒重 25.1 g~30.0 g 的甜荞麦；

小粒甜荞麦，千粒重小于等于 25.0 g 的甜荞麦。

5.2 苦荞麦

大粒苦荞麦，千粒重大于等于 20 g 的苦荞麦；
中粒苦荞麦，千粒重 15.1 g~20.0 g 的苦荞麦；
小粒苦荞麦，千粒重小于等于 15 g 的苦荞麦。

6 地理环境

6.1 气候

库伦旗属于温带半干旱区，大陆性季风气候，四季冷暖，干湿分明，其特点是春季少雨干旱，夏季温热多雨，秋季凉爽干燥，冬季漫长寒冷。年平均气温 6.7 ℃，年平均降水量为 444.7 mm，年平均日照时数为 2 931.9 h。大于等于 10 ℃ 有效积温为 3 220.5 ℃ 左右，年平均无霜期为 143 d~161 d。

6.2 地貌

燕山北部山地向科尔沁沙地过渡地带，区域面积 4 650 km²，海拔高度 190.0 m~626.5 m，地势西南高东北低。

6.3 土壤

以栗褐土、风沙土为主，土壤中有机质含量为大于等于 0.58%、全氮 0.57 g/kg~1.08 g/kg、有效磷 4.1 mg/kg~10.6 mg/kg、速效钾 71 mg/kg~98 mg/kg、pH 值 6.5~9.3。

6.4 品种选择

适宜本地区种植的高产、优质、多抗的品种。

7 质量要求

7.1 感官要求

籽粒大小饱满均匀，具有本品种固有的色泽、气味，无异味、无霉变。

7.2 质量要求

荞麦按容重定为 3 个等级，等级指标及质量指标见表 1。

表 1　荞麦质量要求

等级	容重（g/L）			不完善粒（%）	互混率（%）	异色率（%）		杂质（%）		水分（%）	总黄酮（干基)%		脂肪酸值（mg/100g）
	大粒甜荞麦	小粒甜荞麦	苦荞麦			甜荞麦	苦荞麦	总量	矿物质		甜荞麦	苦荞麦	
1	≥670	≥700	≥710										
2	≥650	≥680	≥690	≤2.0	≤1.0	≤7	≤5	≤1.0	≤0.2	≤13.5	≥0.3	≥1.8	≤60
3	≥610	≥650	≥660										

7.3　卫生指标

卫生指标应符合表 2 规定。

表 2　卫生指标

项目	指标	检验方法
总砷，mg/kg	不得检出	GB 5009.11
总汞，mg/kg	≤0.01	GB 5009.17
铅，mg/kg	≤0.01	GB 5009.12
镉，mg/kg	≤0.05	GB 5009.15
辛硫磷，mg/kg	不得检出	GB/T 5009.102
乐果，mg/kg	≤0.01	GB/T 5009.20
黄曲霉毒素 B_1，μg/kg	不得检出	GB 5009.22
磷化物，mg/kg	不得检出	GB/T 5009.36

8　检验方法

8.1　扦样、分样

按 GB/T 5491 规定执行。

8.2　容重测定

按 GB/T 5498 规定执行，清理杂质时，上层筛采用孔径为 4.5 mm 圆孔筛，下层筛采用孔径为 2.5 mm 圆孔筛。

8.3　杂质、不完善粒测定

按 GB/T 5494 规定执行。

8.4 水分测定

按 GB 5009.3 规定执行。

8.5 色泽、气味测定

按 GB/T 5492 规定执行。

8.6 总黄酮的测定

按 NY/T 1295 规定执行。

8.7 脂肪酸值的测定

按 GB/T 5510 规定执行。

8.8 甜荞麦和苦荞麦互混率检验

按 GB/T 5493 执行。

8.9 异色率检验

按质量标准的规定拣出混有的异色粒，称重（W_1），按公式计算异色率：

$$H（\%）= \frac{W_1}{W} \times 100\% \tag{1}$$

式中：

H——异色率；

W_1——异色粒重量，单位为 g；

W——试样重量，单位为 g。

8.10 大、小粒的测定

按 GB/T 3543.7 规定执行。

9 检验规则

9.1 检验规则

按 GB/T 5490 规定执行。

9.2 检验对象

检验批为同种类、同产地、同收获年度、同运输单元、同贮存单元的荞麦。

9.3 判定规则

容重应符合表 2 中相应等级的要求，其他指标按国家有关规定执行。容重低于三等，其他指标符合表2规定的，判定为等外荞麦。

10　标签标识

标识应符合 GB/T 191、GB 7718 的规定。

库伦荞麦地理标志产品专用标志应符合国家质量监督检验检疫总局公告〔2006〕第 109 号。

11　包装、贮存和运输

11.1　包装

按 GB/T 17109 粮食销售包装的规定执行。

11.2　贮存

应贮存在清洁、干燥、防雨、防虫、防潮、防鼠、无异味的仓库内，不应与有毒有害物质或水分含量较高的物质混存。

11.3　运输

应使用符合卫生要求的运输工具和容器运送，运输过程中应注意防止雨淋和污染。

附 录 A

（资料性）
库伦荞麦地理标志产品保护范围图

库伦荞麦地理标志产品保护范围见图 A.1。

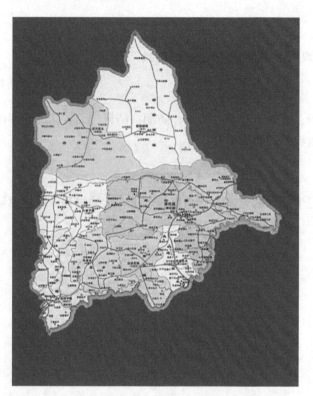

图 A.1　库伦荞麦地理标志产品保护范围图

ICS 65.020.01
CCS B 00

DB15

内 蒙 古 自 治 区 地 方 标 准

DB 15/T 2698—2022

库伦荞麦产地环境质量要求

Environmental qulity requirements for Kulun
buckwheat producing area

2022-07-29 发布　　　　　　　　　　　　　　2022-08-29 实施

内蒙古自治区市场监督管理局　　　发　布

前　言

本文件按照 GB/T 1.1—2020《标准化工作导则　第 1 部分：标准化文件的结构和起草规则》的规定起草。

本文件由通辽市市场监督管理局提出。

本文件由内蒙古自治区农业标准化技术委员会（SAM/TC 20）归口。

本文件起草单位：库伦旗农业技术推广中心、通辽市农牧科学研究所、内蒙古自治区农牧业科学院、内蒙古绿研农业开发有限公司、内蒙古库伦旗蕴绿菌业食品有限公司、内蒙古弘达盛茂农牧科技发展有限公司、中国农业科学院作物科学研究所、内蒙古自治区质量和标准化研究院。

本文件主要起草人：刘伟春、张春华、金晓蕾、呼瑞梅、黄前晶、张桂华、伙秀兰、郭大利、陈景辉、于晓弘、周美亮、张凯旋、黄丽丽、李文洁、丁宁、齐金全、王健、叶英杰。

库伦荞麦产地环境质量要求

1 范围

本文件规定了库伦荞麦产地环境质量要求的术语和定义、环境质量要求、监测采样和检测方法。

本文件适用于通辽市库伦旗全境。

2 规范性引用文件

下列文件中的内容通过文中的规范性引用而构成本文件必不可少的条款。其中，注日期的引用文件，仅该日期对应的版本适用于本文件；不注日期的引用文件，其最新版本（包括所有的修改单）适用于本文件。

GB/T 5750.6 生活饮用水标准检验方法　金属指标

GB/T 5750.12 生活饮用水标准检验方法　微生物指标

GB/T 6920 水质　pH 值的测定　玻璃电极法

GB/T 7467 水质　六价铬的测定　二苯碳酰二肼分光光度法

GB/T 7484 水质　氟化物的测定　离子选择电极法

GB/T 11901 水质　悬浮物的测定　重量法

GB/T 14550 土壤中六六六和滴滴涕测定的气相色谱法

GB/T 15432 环境空气　总悬浮颗粒物的测定　重量法

GB/T 15435 环境空气　二氧化氮的测定　Saltzman 法

GB/T 16489 水质　硫化物的测定　亚甲基蓝分光光度法

GB/T 17134 土壤质量　总砷的测定　二乙基二硫代氨基甲酸银分光光度法

GB/T 17141 土壤质量　铅、镉的测定　石墨炉原子吸收分光光度法

HJ/T 51 水质　全盐量的测定　重量法

HJ/T 399 水质　化学需氧量的测定　快速消解分光光度法

HJ 482 环境空气　二氧化硫的测定　甲醛吸收-副玫瑰苯胺分光光度法

HJ 484 水质　氰化物的测定　容量法和分光光度法

HJ 491 土壤和沉积物　铜、锌、铅、镍、铬的测定　火焰原子吸收分光光度法

HJ 503 水质　挥发酚的测定　4-氨基安替比林分光光度法

HJ 955 环境空气　氟化物的测定　滤膜采样/氟离子选择电极法

HJ 970 水质　石油类的测定　紫外分光光度法（试行）

NY/T 53 土壤全氮测定法（半微量凯氏法）

NY/T 391 绿色食品　产地环境质量

NY/T 395 农田土壤环境质量监测技术规范

NY/T 396 农用水源环境质量监测技术规范

NY/T 397 农区环境空气质量监测技术规范

NY/T 889 土壤速效钾和缓效钾含量的测定

NY/T 1121.6 土壤检测　第 6 部分：土壤有机质的测定

NY/T 1121.7 土壤检测　第 7 部分：土壤有效磷的测定

NY/T 1121.10 土壤检测　第 10 部分：土壤总汞的测定

3　术语和定义

下列术语和定义适用于本文件。

3.1

库伦荞麦 Kulun buckwheat

在库伦荞麦地理标志产品保护范围内，经标准化种植、加工生产的甜荞麦、苦荞麦原料及产品。

3.2

产地环境质量 environmental quality of origin

指大气、土壤、水质等环境条件。

4　环境质量要求

4.1　产地选择

4.1.1　基地选择

生产基地选择应符合 NY/T 391 的要求。

4.1.2　耕地选择

应选择栗褐土或栗褐土、风沙土相间的耕地，耕层以砂壤为宜，避开河床地、低洼地和甸子地。

4.2　空气质量

应符合表 1 要求。

表 1　空气中各项污染物的指标

序号	项目	浓度限值（标准状态）	
		日平均	1 h
1	总悬浮颗粒物（TSP），mg/m^3	≤0.30	—
2	二氧化硫（SO_2），mg/m^3	≤0.12	≤0.40
3	氮氧化物（NOx），mg/m^3	≤0.06	≤0.15
4	氟化物（F），$\mu g/m^3$	≤7.0	≤20.0

注 1：日平均指 24 h 的平均指标。
注 2：1 h 平均指任何一小时的平均指标。
注 3：标准状态指温度为 273.15 K，压力为 101.325 kPa 时的状态。

4.3 土壤环境质量

土壤各项污染物含量应达到表 2 的要求。

表 2 产地土壤中各项污染物的指标

序号	项目	中性土壤 pH 值 6.5~7.5	碱性土壤 pH 值≥7.5
1	总镉，mg/kg	≤0.30	≤0.40
2	总铅，mg/kg	≤40	≤40
3	总汞，mg/kg	≤0.30	≤0.35
4	总砷，mg/kg	≤20	≤20
5	总铜，mg/kg	≤60	≤60
6	总铬，mg/kg	≤120	≤120
7	六六六，mg/kg	≤0.05	≤0.05
8	滴滴涕，mg/kg	≤0.05	≤0.05

注1：重金属（铬主要是三价）和砷均按元素量计。
注2：六六六为四种异构体总量，滴滴涕为四种异构体总量。

4.4 土壤肥力

应达到表 3 "低" 及以上指标。

表 3 荞麦产地土壤肥力指标

土壤养分	极低	低	中	高	极高
有机质，%	≤0.58	0.58~0.65	0.65~0.76	0.76~0.80	>0.80
全氮，g/kg	≤0.57	0.57~0.70	0.70~0.90	0.90~1.08	>1.08
有效磷，mg/kg	≤4.1	4.1~5.6	5.6~9.1	9.1~10.6	>10.6
速效钾，mg/kg	≤71	71~79	79~93	93~98	>98

4.5 农田灌溉水质量

应符合表 4 的要求。

表4　农田灌溉水质量指标

序号	项目	限值
1	pH 值	6.5~8.5
2	化学需氧量，mg/L	≤60
3	六价铬，mg/L	≤0.10
4	总铅，mg/L	≤0.10
5	总汞，mg/L	≤0.001
6	总镉，mg/L	≤0.005
7	总砷，mg/L	≤0.05
8	氟化物，mg/L	≤1.0
9	悬浮物，mg/L	≤100
10	氰化物，mg/L	≤0.50
11	硫化物，mg/L	≤1.0
12	石油类，mg/L	≤1.0
13	挥发酚，mg/L	≤0.005
14	全盐量，mg/L	≤1 000
15	粪大肠菌群，个/L	≤10 000

5　监测采样

5.1　环境空气质量的监测采样和检测方法按 NY/T 397 规定执行。

5.2　土壤环境质量的监测采样和检测方法按 NY/T 395 规定执行。

5.3　农田灌溉水质量的监测采样检测方法按 NY/T 396 规定执行。

6　检测方法

6.1　环境空气质量检测

6.1.1　总悬浮物颗粒的测定按 GB/T 15432 的规定执行。

6.1.2　二氧化硫的测定按 HJ 482 的规定执行。

6.1.3　二氧化氮的测定按 GB/T 15435 的规定执行。

6.1.4　氟化物的测定按 HJ 955 的规定执行。

6.2　土壤环境质量检测

6.2.1　镉、铅的测定按 GB/T 17141 的规定执行。

6.2.2　汞的测定按 NY/T 1121.10 的规定执行。

6.2.3 砷的测定按 GB/T 17134 的规定执行。

6.2.4 铜、铬的测定按 HJ 491 的规定执行。

6.2.5 六六六和滴滴涕测定按 GB/T 14550 的规定执行。

6.3 土壤肥力检测

6.3.1 有机质的测定按 NY/T 1121.6 的规定执行。

6.3.2 全氮的测定按 NY/T 53 的规定执行。

6.3.3 有效磷的测定按 NY/T 1121.7 的规定执行。

6.3.4 速效钾的测定按 NY/T 889 的规定执行。

6.4 农田灌溉水质量检测

6.4.1 pH 值的测定按 GB/T 6920 的规定执行。

6.4.2 化学需氧量的测定按 HJ/T 399 的规定执行。

6.4.3 六价铬的测定按 GB/T 7467 的规定执行。

6.4.4 铅、汞、镉、砷的测定按 GB/T 5750.6 的规定执行。

6.4.5 氟化物的测定按 GB/T 7484 的规定执行。

6.4.6 悬浮物的测定按 GB/T 11901 的规定执行。

6.4.7 氰化物的测定按 HJ 484 的规定执行。

6.4.8 硫化物的测定按 GB/T 16489 的规定执行。

6.4.9 石油类的测定按 HJ 970 的规定执行。

6.4.10 挥发酚的测定按 HJ 503 的规定执行。

6.4.11 全盐量的测定按 HJ/T 51 的规定执行。

6.4.12 粪大肠菌群的测定按 GB/T 5750.12 的规定执行。

———————————

ICS 67.060
CCS B 21

DB15

内 蒙 古 自 治 区 地 方 标 准

DB 15/T 2699—2022

库伦荞麦　种子

Kulun buckwheat seed

2022-07-29 发布

2022-08-29 实施

内蒙古自治区市场监督管理局　　发　布

前　言

本文件按照 GB/T 1.1—2020《标准化工作导则　第 1 部分：标准化文件的结构和起草规则》的规定起草。

本文件由通辽市市场监督管理局提出。

本文件由内蒙古自治区农业标准化技术委员会（SAM/TC 20）归口。

本文件起草单位：通辽市农牧科学研究所、库伦旗农业技术推广中心、中国农业科学院作物科学研究所、内蒙古绿研农业开发有限公司、内蒙古库伦旗蕴绿菌业食品有限公司、内蒙古弘达盛茂农牧科技发展有限公司、内蒙古自治区质量和标准化研究院。

本文件主要起草人：呼瑞梅、张春华、周美亮、刘伟春、张凯旋、于晓弘、黄前晶、张琦、张桂华、郭大利、伙秀兰、李文洁、齐金全、文峰、金晓光、丁宁、崔凤娟、董志强。

库伦荞麦　种子

1　范围

本文件规定了库伦荞麦种子的术语和定义、质量要求、检验方法、检验规则。

本文件适用于库伦旗荞麦种子的生产和销售。

2　规范性引用文件

下列文件中的内容通过文中的规范性引用而构成本文件必不可少的条款。其中，注日期的引用文件，仅该日期对应的版本适用于本文件；不注日期的引用文件，其最新版本（包括所有的修改单）适用于本文件。

GB/T 3543（所有部分）农作物种子检验规程

GB 20464 农作物种子标签通则

3　术语和定义

下列术语和定义适用于本文件。

3.1

荞麦 buckwheat

又名乌麦、花麦、三角麦、荞子等，属蓼科荞麦属一年生或多年生双子叶植物。

3.2

库伦荞麦 Kulun buckwheat

在库伦荞麦地理标志产品保护范围内，经标准化种植、加工生产的甜荞麦、苦荞麦原料及产品。

3.3

甜荞麦 common buckwheat

蓼科荞麦属一年生异花授粉作物，茎常有棱，色淡红，花较大，白色、玫瑰色或红色，子房周围有明显蜜腺，有香味，瘦果较大，三棱形，皮黑褐色或灰褐色，表面与边缘光滑。

3.4

苦荞麦 tartary buckwheat

又称鞑靼荞麦，蓼科荞麦属一年生自花授粉作物，瘦果较小，顶端矩圆，棱角钝，多有腹沟，皮黑色或灰色，粒面粗糙，无光泽。

4　质量要求

4.1　总则

种子质量要求由质量指标和质量标注值组成，质量指标包括品种纯度、净度、发芽率、水分；质量标注值应真实，并符合本标准4.2的规定。

4.2　质量要求

库伦荞麦种子质量应符合表1的要求。

表1　库伦荞麦种子质量 单位:%

作物种类	种子类别	品种纯度	净度	发芽率	水分
甜荞麦	原种	≥95.0	≥98.0	≥88.0	≤13.5
	良种	≥90.0			
苦荞麦	原种	≥99.0	≥98.0	≥88.0	≤13.5
	良种	≥96.0			

5　检验方法

净度分析、发芽试验、水分测定、真实性和品种纯度检测执行 GB/T 3543 的规定。

6　检验规则

6.1　扦样

扦样方法和种子批的确定执行 GB/T 3543 的规定。

6.2　质量判定规则

质量判定规则执行 GB 20464 的规定。

ICS 65.020.20
CCS B 05

DB15

内 蒙 古 自 治 区 地 方 标 准

DB 15/T 2700—2022

库伦苦荞麦原种繁育技术规程

Technical regulation for protospecies production of
Kulun tartary buckwheat

2022-07-29 发布

2022-08-29 实施

内蒙古自治区市场监督管理局　　发　布

前　言

本文件按照 GB/T 1.1—2020《标准化工作导则　第 1 部分：标准化文件的结构和起草规则》的规定起草。

本文件由通辽市市场监督管理局提出。

本文件由内蒙古自治区农业标准化技术委员会（SAM/TC 20）归口。

本文件起草单位：通辽市农牧科学研究所、中国农业科学院作物科学研究所、库伦旗农业技术推广中心、内蒙古自治区农牧业科学院、内蒙古弘达盛茂农牧科技发展有限公司、内蒙古绿研农业开发有限公司、内蒙古库伦旗蕴绿菌业食品有限公司、内蒙古自治区质量和标准化研究院。

本文件主要起草人：呼瑞梅、张春华、周美亮、刘伟春、张凯旋、金晓蕾、黄前晶、于晓弘、张桂华、郭大利、伙秀兰、齐金全、张琦、董志强、董志朋、孙晓梅、叶英杰。

库伦苦荞麦原种繁育技术规程

1 范围

本文件规定了库伦苦荞麦原种繁育技术、种子检验要求。

本文件适用于库伦苦荞麦原种繁育。

2 规范性引用文件

下列文件中的内容通过文中的规范性引用而构成本文件必不可少的条款。其中，注日期的引用文件，仅该日期对应的版本适用于本文件；不注日期的引用文件，其最新版本（包括所有的修改单）适用于本文件。

GB/T 3543（所有部分）农作物种子检验规程

3 术语和定义

本文件没有需要界定的术语和定义。

4 原种繁育技术

4.1 选地

选择质地疏松、排灌良好、有机质含量 0.8% 以上的栗褐土或风沙土，黏土或碱性偏重的土壤不宜种植，优选前茬为豆科作物的地块，忌连作。

4.2 隔离

周围 1 km 以内不能种植其他苦荞麦。

4.3 单株选择

4.3.1 单株选择

在株行圃、株系圃、原种圃或从品种纯度高、生长良好、整齐一致的大田中选择。

4.3.2 性状要求

应具有本品种的典型特征，包括株高、株型、分枝、开花习性、花色、叶色、粒色、落粒性等。

4.3.3 选择时期

在花期和成熟期分两次进行。开花后根据花、叶和分枝性状初选，并做好标记；成熟期根据株高、株型、生育期、落粒性复选。避开地头、地边和缺苗断垄处，选株不低于500株。

4.3.4 收获入库

当单株上2/3的种子成熟时及时收获，单株单收脱粒、晒干、精选，等粒留种，分别装袋、编号，入库保存。

4.3.5 室内考种

包括单株粒数、粒重、千粒重、籽粒形状、色泽。根据单株生产力和籽粒典型性进行室内决选，要求单株粒数不低于80粒。

4.4 株行圃

4.4.1 种植方式

入选单株第二年分行种植，编号、插牌，建立株行圃。采用顺序排列，每个单株种植1行，每9个株行设一对照，点播株距7 cm，行距33 cm~50 cm，不施肥。留观察道60 cm~100 cm，保护区宽2.5 m，种4~6行。对照和保护区所用种子是上一年选单株的同一田块、经去杂去劣和精选的本品种种子。田间管理的各项技术措施须一致，并在同一天完成。

4.4.2 田间记载

田间观察记载项目见附录A，做好田间记录，建立系统档案，妥善保存。

4.4.3 田间去杂

在苗期、花期、成熟期根据品种典型性，严格拔除杂株、劣株、病株。

4.4.4 收获入库

当株行2/3种子成熟时，按行收获入选株行和对照。各行区种子要单晒、分别装袋、编号，入库保存，严防鼠、虫等危害及霉变。

4.5 株系圃选择

4.5.1 种植方式

入选株行建立株系圃。采用条播，播量不超过常规播量的50%，不施肥。种植行数和行长根据种子量决定，每小区不少于6行，每隔4个株系设一对照，四周设保护行。对照及保护行为同品种的原种。

4.5.2 田间记载与去杂

田间观察记载见附录A。在苗期、花期、成熟期要根据品种典型性，严格拔除杂株、劣株、病株。入选株系须具备本品种的典型性状，整齐一致，丰产性好。

4.5.3 收获入库

入选株系 2/3 种子成熟时，单收、单脱、单晾晒、装袋、编号，入库保存，作为原种圃种子。

4.6 原种圃

4.6.1 播前准备

将上年入选的株系圃种子扩大繁殖，建立原种圃。播量相当于常规播量的 50%，施足复合肥 225 kg/hm^2，增施 P_2O_5 30 kg/hm^2、K_2O 45 kg/hm^2 ~ 60 kg/hm^2。要将播种工具清理干净，严防机械混杂。

4.6.2 种植方式

播种量 30 kg/hm^2 ~ 37.5 kg/hm^2，行距 40 cm。

4.6.3 田间鉴定

在苗期、花期、成熟期要根据品种典型性，严格拔除杂株、劣株、病株，成熟前进行田间纯度鉴定。

4.6.4 收获入库

全株 2/3 籽粒成熟即呈现本品种固有色泽时收获，应单收、单脱粒、专场晾晒、装袋，袋内外各附标签，标明品种名称、繁殖年限、产地，严防混杂。

5 种子检验

原种检验执行 GB/T 3543 的规定。

附 录 A

(资料性)

库伦苦荞麦原种繁育田间调查及室内分析记载

A.1 物候期

A.1.1 播种期

实际播种日期，以月/日表示（下同）。

A.1.2 出苗期

田间 50%以上的幼苗子叶平展的日期。

A.1.3 分枝期

田间 50%以上植株出现第一次分枝的日期。

A.1.4 现蕾期

田间 50%以上植株现蕾的日期。

A.1.5 开花始期

一株上有一朵花开放即为该植株开花，小区 10%植株第一朵花开放的日期。

A.1.6 盛花期

田间 50%植株花蕾开放的日期。

A.1.7 成熟期

田间植株有 2/3 以上籽粒变硬、呈现该品种正常成熟色泽的日期。

A.1.8 生育期

从出苗到成熟期前一天的全部天数。

A.2 植物学形态特征

A.2.1 株型

分松散、紧凑。主茎明显，分枝与主茎夹角小者为紧凑；主茎不明显，分枝散开者为松散。

A.2.2　株高

从茎基部到植株顶端的长度，以厘米（cm）为单位。

A.2.3　叶形

在开花盛期区分，有三角形、心形、戟形。

A.2.4　叶色

分深绿、浅绿色。

A.2.5　分枝数

主茎上各级分枝总数，包括有效、无效分枝数。

A.2.6　花序

主茎顶部花簇疏密程度，即主茎顶部最后一个花序上花簇数量，分疏、中、密。

A.2.7　花色

分黄绿、淡绿色。

A.2.8　粒色

分黑、褐、灰、棕色，其中有单一色泽和条纹之分。

A.2.9　粒形

分长锥、短锥、桃形。

A.2.10　籽粒大小

以千粒重分为大（大于 20 g）、中（介于 15 g~20 g）、小（小于 15 g）粒。

A.3　生物学特性

A.3.1　单株粒数

至少取样 10 株测定平均值。

A.3.2　单株粒重

晒干去掉秕壳，成熟种子的重量，以克（g）为单位。至少取样 10 株测定平均值。

A.3.3　种子千粒重

1 000 粒称重，数 2~3 次取平均值。误差不超过 0.5 g~1 g。

A.3.4 落粒性

分轻、重 2 级，成熟时田间观察 10 株，一般振动均能落粒者为重，反之为轻。

A.3.5 生长整齐度

在苗期、花期和成熟期进行。幼苗期以苗高、叶色、茎色为主要鉴定标志。花期以花色为主要标志。成熟期以籽粒形状、色泽、分枝数、叶脉色、茎色、叶色为主要标志。分 3 级，分别为整齐（90%以上植株一致），不整齐（70%以下植株一致），介于二者之间为中度整齐。

A.3.6 抗倒伏性

分最初倒伏、最终倒伏两次记载，以最终倒伏数据为准。目测分 5 级：1 级直立不倒；2 级倒伏轻微，植株倾斜角度小于 30°；3 级中等倒伏，倾斜角度 30°~45°；4 级倒伏较重，倾斜角度 45°~60°；5 级倒伏严重，倾斜角度 60°以上。

A.3.7 耐旱性

发生旱情时，在午后日照最强、温度最高的高峰过后，根据叶片萎缩程度分 5 级记载。1 级无受害症状。2 级小部分叶片萎缩，并失去应有光泽。3 级有较多的叶片萎缩，并失去应有光泽。4 级叶片明显卷缩，色泽显著深于该品种的正常颜色，下部叶片开始发黄。5 级叶片明显萎缩严重，下部叶片变黄至变枯。

A.3.8 抗病性

分无、轻、中、重，记明病害名、发生时间、调查发病株数及病情指数。

A.3.9 抗寒性

在 0 ℃或 0 ℃以下的情况下，观察受冻植株数，统计受冻植株率，也可按 4 等统计冻害指数。

$$X = \frac{S_1 \times 1 + S_2 \times 2 + S_3 \times 3 + S_4 \times 4}{N \times 4} \qquad (A.1)$$

式中：

X——冻害指数；

S_1——个别叶片受冻；

S_2——1/2 左右叶片受冻；

S_3——全部叶片不同程度受冻，未死亡；

S_4——植株冻死；

N——调查总株数。

ICS 65.020.20
CCS B 05

DB15

内 蒙 古 自 治 区 地 方 标 准

DB 15/T 2701—2022

库伦苦荞麦良种生产技术规程

Technical regulation for production of improved varieties
of Kulun tartary buckwheat

2022-07-29 发布　　　　　　　　　　2022-08-29 实施

内蒙古自治区市场监督管理局　　发　布

前　言

本文件按照 GB/T 1.1—2020《标准化工作导则　第 1 部分：标准化文件的结构和起草规则》的规定起草。

本文件由通辽市市场监督管理局提出。

本文件由内蒙古自治区农业标准化技术委员会（SAM/TC 20）归口。

本文件起草单位：通辽市农牧科学研究所、中国农业科学院作物科学研究所、库伦旗农业技术推广中心、内蒙古自治区农牧业科学院、内蒙古弘达盛茂农牧科技发展有限公司、内蒙古绿研农业开发有限公司、内蒙古库伦旗蕴绿菌业食品有限公司、内蒙古自治区质量和标准化研究院。

本文件主要起草人：黄前晶、张春华、呼瑞梅、周美亮、刘伟春、张凯旋、金晓蕾、于晓弘、张桂华、郭大利、伙秀兰、董志强、张絮颖、文峰、金晓光、李文洁、叶英杰、贾娟霞。

库伦苦荞麦良种生产技术规程

1 范围

本文件规定了库伦苦荞麦良种生产技术、种子检验。

本文件适用于库伦苦荞麦良种生产。

2 规范性引用文件

下列文件中的内容通过文中的规范性引用而构成本文件必不可少的条款。其中，注日期的引用文件，仅该日期对应的版本适用于本文件；不注日期的引用文件，其最新版本（包括所有的修改单）适用于本文件。

GB/T 3543（所有部分）农作物种子检验规程

GB/T 8321（所有部分）农药合理使用准则

NY/T 496 肥料合理使用准则　通则

NY/T 1276 农药安全使用规范　总则

DB15/T 1702 甜荞麦良种生产技术规程

DB15/T 2699 库伦荞麦　种子

3 术语和定义

本文件没有需要界定的术语和定义。

4 良种生产技术

4.1 选地

选择质地疏松、排灌良好、有机质含量0.8%以上的栗褐土或风沙土，黏土或碱性偏重的土壤不宜种植，优选前茬为豆科作物的地块，忌连作。

4.2 隔离

周围1 km以内不能种植其他苦荞麦。

4.3 整地

将地块清理干净，春旋耕或深松20 cm以上，耙平耱细。

4.4 品种选择

选用优质、高产、抗性强、适宜当地种植的苦荞麦品种，种子质量符合DB15/T 2699的规定。

4.5 种子处理

按照 DB15/T 1702 的规定执行。

4.6 播种

4.6.1 播种时间

一般在 6 月 10 日至 15 日播种。

4.6.2 播种方法

机械条播，行距 40 cm~45 cm。

4.6.3 播种量

22.5 kg/hm²~30.0 kg/hm²，保苗 85 万株/hm²~105 万株/hm²。

4.6.4 播种深度

4 cm~6 cm。

4.7 施肥

4.7.1 种肥

施 P_2O_5 30 kg/hm²、K_2O 45 kg/hm²~60 kg/hm²，肥料使用执行 NY/T 496 的规定。

4.7.2 追肥

封垄前施 N 37.5 kg/hm²~45.0 kg/hm²，肥料使用执行 NY/T 496 的规定。

4.8 田间管理

4.8.1 中耕除草

苗高 6 cm~7 cm 时，进行第一次中耕除草，封垄前进行第二次中耕除草。

4.8.2 田间去杂

在苗期、花期、成熟期要根据品种典型性状严格拔除杂株、劣株、病株，每个时期拉网式去杂 2~3 次。收获前依据植株高度、粒形、粒色、落粒性等性状再严格去杂一次。

4.9 病虫害防控

4.9.1 病害防治

叶斑病防治：发病初期用25%戊唑醇可湿性粉剂 50 g/667m²，或5%腈菌唑，或苯醚甲环唑，或40%的复方多菌灵胶悬剂，或75%的代森锰锌可湿性粉剂等杀菌剂 800~1 000倍液均匀喷施。

4.9.2 虫害防治

3龄以前的黏虫和草地螟幼虫防治采用25%灭幼脲悬浮剂 2 000~2 500倍液，或1%苦参碱可溶性液剂 1 000~1 500倍液，或0.3%印楝素乳油 600~ 800 倍液；3龄以上幼虫用复配剂防治，主要药剂有1%甲维盐乳油 3 000倍液，或40%氯虫·噻虫嗪乳剂 4 000~5 000倍液，或10%吡虫仲丁威微乳剂 800~1 100倍液。西伯利亚龟象用70%噻虫嗪可分散粉剂 25 g~ 75 g 兑水（1 000 ml~1 500 ml）/100 kg种子进行种子处理，当虫口密度达到 20 头/百株，用 10%虫螨腈悬浮剂 1 000～1 500倍液均匀喷雾，或用2.5%三氟氯氰菊酯乳油 2 500~3 000倍液喷雾。

4.9.3 农药使用

执行 GB/T 8321、NY/T 1276 的规定。

4.10 收获入库

当田间 75%~80%籽粒呈现本品种固有颜色时及时收获，宜在早晨或雨后收获。专场晾晒、装袋、袋内外各附标签，标明品种名称、繁殖年限、产地，严防混杂。

5 种子检验

执行 GB/T 3543 的规定。

ICS 65.020.20
CCS B 05

DB15

内 蒙 古 自 治 区 地 方 标 准

DB 15/T 2702—2022

库伦荞麦全程机械化
生产技术规程

Technical regulation for whole process mechanization
production of Kulun buckwheat

2022-07-29 发布

2022-08-29 实施

内蒙古自治区市场监督管理局　　发　布

前　言

本文件按照 GB/T 1.1—2020《标准化工作导则　第 1 部分：标准化文件的结构和起草规则》的规定起草。

本文件由通辽市市场监督管理局提出。

本文件由内蒙古自治区农业标准化技术委员会（SAM/TC 20）归口。

本文件起草单位：库伦旗农业技术推广中心、通辽市农牧科学研究所、内蒙古绿研农业开发有限公司、中国农业科学院作物科学研究所、内蒙古库伦旗蕴绿菌业食品有限公司、内蒙古弘达盛茂农牧科技发展有限公司、内蒙古自治区质量和标准化研究院。

本文件主要起草人：刘伟春、张春华、呼瑞梅、周美亮、伙秀兰、黄前晶、张桂华、郭大利、于晓弘、张凯旋、贾东岩、李文洁、贾娟霞、王先智、潘君香、金晓光、崔凤娟。

库伦荞麦全程机械化生产技术规程

1 范围

本文件规定了库伦荞麦全程机械化生产的术语和定义、耕翻整地、播种、中耕、病虫防控、收获技术要求。

本文件适用于库伦荞麦全程机械化生产。

2 规范性引用文件

下列文件中的内容通过文中的规范性引用而构成本文件必不可少的条款。其中，注日期的引用文件，仅该日期对应的版本适用于本文件；不注日期的引用文件，其最新版本（包括所有的修改单）适用于本文件。

GB 10395.9 农林机械　安全　第9部分：播种机械

JB/T 6274.1 谷物播种机　第1部分：技术条件

JB/T 9782 植物保护机械　通用试验方法

NY/T 496 肥料合理使用准则　通则

NY/T 499 旋耕机作业质量

NY/T 650 喷雾机（器）作业质量

NY/T 739 谷物播种机械作业质量

NY/T 741 深松、耙茬机械作业质量

NY/T 742 铧式犁作业质量

NY/T 1225 喷雾器安全施药技术规范

NY/T 1923 背负式喷雾机安全施药技术规范

3 术语和定义

下列术语和定义适用于本文件。

3.1

库伦荞麦 Kulun buckwheat

在库伦荞麦地理标志产品保护范围内，经标准化种植、加工生产的甜荞麦、苦荞麦原料及产品。

3.2

全程机械化生产 full mechanized production

指生产各环节全部采用机械化作业。

4 耕翻整地

4.1 机具选型

4.1.1 耕地机具

选用铧式犁或秸秆还田专用犁，也可用自带合墒器的单向犁和双向液压翻转犁。

4.1.2 整地机具

选用旋耕灭茬机、秸秆还田机或自带镇压功能的旋耕机。

4.2 技术要点

4.2.1 播种前 12 d~15 d，采用秸秆还田专用犁或铧式犁耕翻 30 cm 以上，播种前 1 d~3 d 用自带镇压功能的旋耕机旋耕镇压；未及时耕翻的地块，播种前 1 d~3 d 用秸秆灭茬机灭茬后再深翻、旋耕、镇压。

4.2.2 无根茬地块播前采用旋耕机旋耕镇压。

4.3 质量要求

耕翻作业质量应符合 NY/T 742 的规定，旋耕机作业质量应符合 NY/T 499 的规定，耙茬机械作业质量应符合 NY/T 741 的规定。

5 播种

5.1 机具选型

条播采用槽轮式排种器条播机，穴播采用型孔式排种器精密播种机。

5.2 技术要点

5.2.1 播种时间

甜荞 6 月底至 7 月上旬播种，苦荞 6 月 10 日至 15 日播种。

5.2.2 播种量

甜荞播种量 37.5 kg/hm² ~45.0 kg/hm²，苦荞播种量 30.0 kg/hm² ~37.5 kg/hm²。

5.2.3 播种方式

条播或穴播，行距 50 cm~ 55 cm，穴播的穴距 8 cm~12 cm。

5.2.4 播深

播种深度 3 cm~5 cm，墒情较差地块适当加大播种深度。

5.2.5 施肥

施 P_2O_5 30 kg/hm²、K_2O 45 kg/hm²~60 kg/hm²，钾肥不宜选用氯化钾，肥料使用应按 NY/T 496 执行。

5.3 质量要求

播种机安全使用、作业质量应符合 GB 10395.9、NY/T 739、JB/T 6274.1 的规定。

6 中耕

6.1 机具选型

选用农户改装的悬挂式 3 行单铧耘锄，以四轮拖拉机为动力牵引，配合使用电子施肥箱。

6.2 技术要点

6.2.1 苗高 6 cm~10 cm 时，进行第一次中耕除草，封垄前进行第二次中耕培土，施入 N 37.5 kg/hm²~45 kg/hm²。

6.2.2 中耕前根据行距调整好拖拉机轮距和三个耘铧的间距，调整耘锄铧尖与地面夹角，第一次中耕夹角应小些，第二次中耕将夹角调大些。

6.2.3 作业行进第一次中耕以 5 km/h 速度进行，第二次中耕以 7 km/h 速度进行。

6.3 质量标准

6.3.1 耕深

第一次中耕深度为 3 cm~5 cm，耘平垄背或耘出浅垄沟，不埋苗、不压苗；第二次耕深 10 cm~12 cm，培土高度以埋到苗茎秆基部往上 3 cm~5 cm 为宜，不可埋压底部叶片。各次中耕伤苗率均小于等于 1%。

6.3.2 灭草率

第一次中耕灭草率大于 85%，第二次中耕灭草率大于 95%。

7 病虫防控

7.1 机具选型

选用高地隙喷杆喷雾机或无人机等机具，符合 NY/T 650、NY/T 1225 和 NY/T 1923 的规定。

7.2 技术要点

7.2.1 使用高地隙喷杆喷雾机，应根据施药期株高调整喷杆高度与植株间距 30 cm~

50 cm。

7.2.2 使用无人机防控，应使用专用药剂或添加助剂。

7.3 质量要求

植保作业质量的评定应符合 JB/T 9782 中田间生产试验的规定，喷药作业质量符合 NY/T 650 的规定。

8 收获

8.1 收获方式

联合收获和两段收获。

8.2 机具选型

8.2.1 联合收获时选用轮式或履带式全喂入自走式小麦或水稻联合收割机。

8.2.2 两段收获时选用割草机和带有拾禾器的联合收割机进行收获。

8.3 技术要点

8.3.1 当全株 75%~80% 籽粒呈现本品种固有颜色时即可收获，多数年份掌握"霜前收荞"原则，宜在早晨或雨后收获。

8.3.2 采用联合收获时要调整好振动筛角度和孔径间隙；采用两段收获时割倒条铺在割茬上，晾晒 3 d~5 d 后采用带有拾禾器的联合收割机收获。

8.4 质量要求

8.4.1 割茬高度小于等于 15 cm，高度一致；漏割率小于等于 1%，喂入量大于等于标定喂入量（kg/s），脱净率大于等于 98%，破碎率小于等于 3.0%，杂质率小于等于 6.0%；总损失率小于等于 8.0%。

8.4.2 脱粒后及时晒干或烘干，达到标准水分。

ICS 67.020
CCS X 11

DB15

内 蒙 古 自 治 区 地 方 标 准

DB 15/T 2703—2022

库伦甜荞麦米加工技术规程

Technical specification for grain processing of
Kulun common buckwheat

2022-08-15 发布
2022-09-15 实施

内蒙古自治区市场监督管理局　　发　布

前　言

本文件按照 GB/T 1.1—2020《标准化工作导则　第 1 部分：标准化文件的结构和起草规则》的规定起草。

本文件由通辽市市场监督管理局提出。

本文件由内蒙古自治区工业和信息化厅归口。

本文件起草单位：库伦旗农业技术推广中心、通辽市农牧科学研究所、内蒙古弘达盛茂农牧科技发展有限公司、内蒙古自治区农牧业科学院、内蒙古绿研农业开发有限公司、中国农业科学院作物科学研究所、内蒙古库伦旗蕴绿菌业食品有限公司、库伦旗谷龙塔商贸有限公司、内蒙古自治区质量和标准化研究院。

本文件主要起草人：刘伟春、张春华、呼瑞梅、金晓蕾、于晓弘、黄前晶、周美亮、张凯旋、张桂华、伙秀兰、郭大利、赵智宇、董志强、张絮颖、贾娟霞、崔凤娟、张琦、潘君香。

库伦甜荞麦米加工技术规程

1 范围

本文件规定了库伦甜荞麦米加工的术语与定义、基本条件要求、工艺流程、加工技术要求和记录。

本文件适用于库伦甜荞麦米的加工。

2 规范性引用文件

下列文件中的内容通过文中的规范性引用而构成本文件必不可少的条款。其中，注日期的引用文件，仅该日期对应的版本适用于本文件；不注日期的引用文件，其最新版本（包括所有的修改单）适用于本文件。

GB/T 191 包装储运图示标志

GB 5749 生活饮用水卫生标准

GB/T 6388 运输包装收发货标志

GB 7718 食品安全国家标准　预包装食品标签通则

GB 13122 食品安全国家标准　谷物加工卫生规范

GB 14881 食品安全国家标准　食品生产通用卫生规范

GB/T 17109 粮食销售包装

DB15/T 951 地理标志产品　库伦荞麦

3 术语和定义

下列术语和定义适用于本文件。

3.1

库伦甜荞麦米 Kulun common buckwheat grain

以库伦甜荞麦为原料，经清理、筛选、脱壳、分离、色选、烘干等工艺加工制成的全粒状产品。

4 基本条件要求

4.1 场所

应符合 GB 14881 的规定。

4.2 设施设备

4.2.1 仓库应配备库温、粮温监测，通风和温湿度调控，虫、鼠、鸟害防控等设施。

4.2.2 外溢粉尘的部位应安装粉尘控制装置。

4.2.3 设备包括：初清设备（除尘机、振动筛）、荞麦去石机、磁力清选机、润麦设备（含绞笼）、过渡仓、分级筛、脱壳机、吸风分离器、米荞分选筛、米渣分选筛、色选机、烘干机、散热设备、比重机、定量包装机、封口器。

4.3 生产加工

应符合 GB 13122 的规定。

4.4 卫生管理

应符合 GB 14881 的规定。

4.5 原料

4.5.1 荞麦应符合 DB15/T 951 的规定。

4.5.2 水应符合 GB 5749 的规定。

4.6 食品添加剂

不应使用食品添加剂。

5 工艺流程

初清→入仓→去石→去石→磁选→磁选→润麦→入仓→荞麦分级→多级脱壳→荞麦壳分离→米荞分选→米壳分离→米渣分离→米壳分离→色选→色选→烘干→比重精选→定量→包装→入库。

6 加工技术要求

6.1 清理去杂

原料经初清筛去杂后入仓，进入待加工状态。加工时对入仓原料再次进行去石、磁选清理，使杂质总量小于等于 1.0%。

6.2 润麦

将清理好的原料进行喷水润麦并搅匀，夏季水温以常温为宜，秋冬季用不超过 40 ℃温水，湿润程度以手抓一把荞麦粒成团，松开即散为准或每 100 kg 喷水 0.5 kg，新荞麦可以不进行此环节。

6.3 入仓

润麦后的麦粒进入生产线上的过渡仓暂贮，贮存时间 2 h~6 h。

6.4 分级

过渡仓的麦粒进入筛板孔径相差 0.2 mm~0.3 mm 的不同组别分级设备，将粒径在

3.6 mm~5.1 mm 不等的麦粒筛分为 7 个级别。

6.5 脱壳

不同粒径的甜荞麦粒分别进入对应间隙的脱壳机进行逐级脱壳，每台脱壳机每次脱壳出米率按小于等于 20% 掌握。总出米率大于等于 72%。

6.6 荞麦壳分离

采用吸风分离设备将荞麦壳分离出去。

6.7 米荞分选

用吸风分离设备将米与未脱壳荞麦分离出去。

6.8 米壳分离

用吸风分离设备将残余荞壳分离出去。

6.9 米渣分离

采用振动分级筛将整粒和碎粒分离。

6.10 色选

需要色选的，提升到色选设备，经两次色选剔除整粒中异色粒，选净率大于等于 99.5%。

6.11 烘干

需要烘干的，用烘干设备将米粒烘干至所需水分，并通风散热。

6.12 比重精选

需要对米粒大小和均匀度进行精选的，将米粒用吹风式比重精选机进行精选。

6.13 定量和包装

6.13.1 包装材料、容器应符合 GB/T 17109 的规定。

6.13.2 需要计量的，按需求定量包装封口。

6.14 标志、运输、贮存

6.14.1 标志

产品标签应符合 GB 7718 的规定，外包装上除标明产品名称、制造者的名称和地址外，还需标明净重。涉及的包装储运图标标识和运输包装收发货标志应分别符合 GB/T 191、GB/T 6388 的规定。

6.14.2 运输

6.14.2.1 运输工具应清洁卫生、干燥、无污染，并有防尘、防雨雪、防潮、防晒设施。

6.14.2.2 产品不应与有毒、有害、有腐蚀性、易挥发或有异味的物品混装运输。

6.14.2.3 运输过程中不应暴晒、雨淋、受潮。

6.14.3 贮存

6.14.3.1 产品不应与有毒、有害、有腐蚀性、易挥发或有异味的物品同库贮存。

6.14.3.2 产品应贮存在清洁、干燥、通风良好并有防雨、防潮、防虫、防鼠设施的库房内，产品应隔墙离地存放，离地需 20 cm 以上，严禁露天堆放、日晒、雨淋或靠近热源。

7 记录

7.1 原料、生产加工中的关键控制点应有记录，原始记录格式规范、字迹清晰。

7.2 各项原始记录应按规定保存不少于 2 年，若有新规定按其执行。

ICS 67.020
CCS X 11

DB15

内 蒙 古 自 治 区 地 方 标 准

DB 15/T 2704—2022

库伦苦荞麦米加工技术规程

Technical specification for grain processing of
Kulun tartary buckwheat

2022-08-15 发布   2022-09-15 实施

内蒙古自治区市场监督管理局   发 布

前　言

本文件按照 GB/T 1.1—2020《标准化工作导则　第 1 部分：标准化文件的结构和起草规则》的规定起草。

本文件由通辽市市场监督管理局提出。

本文件由内蒙古自治区工业和信息化厅归口。

本文件起草单位：通辽市农牧科学研究所、库伦旗农业技术推广中心、中国农业科学院作物科学研究所、内蒙古自治区农牧业科学院、内蒙古弘达盛茂农牧科技发展有限公司、内蒙古绿研农业开发有限公司、内蒙古库伦旗蕴绿菌业食品有限公司、库伦旗谷龙塔商贸有限公司、内蒙古自治区质量和标准化研究院。

本文件主要起草人：黄前晶、张春华、呼瑞梅、刘伟春、周美亮、张凯旋、金晓蕾、于晓弘、张桂华、郭大利、伙秀兰、张絮颖、张琦、文峰、金晓光、崔凤娟、赵智宇。

库伦苦荞麦米加工技术规程

1 范围

本文件规定了库伦苦荞麦米加工的术语和定义、基本条件要求、工艺流程、加工技术要求、记录。

本文件适用于库伦苦荞麦米加工。

2 规范性引用文件

下列文件中的内容通过文中的规范性引用而构成本文件必不可少的条款。其中，注日期的引用文件，仅该日期对应的版本适用于本文件；不注日期的引用文件，其最新版本（包括所有的修改单）适用于本文件。

GB/T 191 包装储运图示标志

GB 5749 生活饮用水卫生标准

GB/T 6388 运输包装收发货标志

GB 7718 食品安全国家标准　预包装食品标签通则

GB 13122 食品安全国家标准　谷物加工卫生规范

GB 14881 食品安全国家标准　食品生产通用卫生规范

GB/T 17109 粮食销售包装

DB15/T 951 地理标志产品　库伦荞麦

3 术语和定义

下列术语和定义适用于本文件。

3.1

库伦苦荞麦米　Kulun tartary buckwheat grain

以库伦苦荞麦为原料，经清理、筛选、蒸制熟化、脱壳、分离、色选、烘干等工艺加工制成的全粒状产品。

4 基本条件要求

4.1 原辅料要求

4.1.1 苦荞麦

籽粒饱满，应符合 DB15/T 951 的要求。

4.1.2 水

应符合 GB 5749 的要求。

4.2 生产加工条件要求

应符合 GB 14881、GB 13122 的要求。

4.3 食品添加剂

不应使用食品添加剂。

5 工艺流程

苦荞麦→筛选、除杂→清洗、浸泡→熟化→干燥→脱壳→分选→色选→烘干→冷却→筛分→色选→包装。

6 加工技术要求

6.1 筛选、除杂

采用清粮设备对原料进行筛选、去杂、去石后，采用磁选设施去除原料中的磁性金属物。杂质总量小于等于 1.0%；清洗、浸泡使用洗麦机将苦荞麦清洗至表面洁净无杂质，常温浸泡 3 h~5 h 或 40 ℃温水浸泡 0.5 h。

6.2 熟化

将浸泡好的原料在蒸煮设备中蒸煮，温度控制在 90 ℃~100 ℃，时间控制在 20 min~25 min。

6.3 干燥

熟化后的苦荞麦进入干燥设备进行干燥，热风干燥机温度应控制在 140 ℃~160 ℃，高温干燥至原料含水量 20.0%~24.0%。

6.4 脱壳

烘干后的苦荞进行脱壳，将壳和仁剥离。总出米率大于等于 65%。

6.5 分选

再进入分离机中，使得壳、米分离。苦荞米进入振动分级筛，过筛分级，将整粒米与碎米分离。

6.6 色选

采用色选设备色选两次剔除异色粒，选净率大于等于 99.5%。

6.7 烘干

采用烘干设备，将苦荞麦米烘干至含水量小于等于 14.0%。

6.8 冷却

将苦荞麦米冷却至常温。

6.9 筛分

采用筛孔为 2.0 mm 的筛分设备去除碎屑物。

6.10 包装

包装材料、容器应符合 GB/T 17109 的规定。

6.11 标志、运输、贮存

6.11.1 标志

产品标签应符合 GB 7718 的规定，外包装上除标明产品名称、制造者的名称和地址外，还需标明净重。涉及的包装储运图标标识和运输包装收发货标志应分别符合 GB/T 191、GB/T 6388 的规定。

6.11.2 运输

6.11.2.1 运输工具应清洁卫生、干燥、无污染，并有防尘、防雨雪、防潮、防晒设施。

6.11.2.2 产品不应与有毒、有害、有腐蚀性、易挥发或有异味的物品混装运输。

6.11.2.3 运输过程中不应暴晒、雨淋、受潮。

6.11.3 贮存

6.11.3.1 产品不应与有毒、有害、有腐蚀性、易挥发或有异味的物品同库贮存。

6.11.3.2 产品应贮存在清洁、干燥、通风良好并有防雨、防潮、防虫、防鼠设施的库房内，产品应隔墙离地存放，离地需 20 cm 以上，严禁露天堆放、日晒、雨淋或靠近热源。

7 记录

7.1 原料、生产加工过程等应有记录，原始记录格式规范、填写认真、字迹清晰。

7.2 原始记录应按规定保存不少于 2 年，若有新规定按其执行。

ICS 65.020.20
CCS X 11

DB15

内 蒙 古 自 治 区 地 方 标 准

DB 15/T 2705—2022

库伦荞麦壳加工技术规程

Technical specification for Kulun buckwheat
shell processing

2022-08-15 发布　　　　　　　　　　2022-09-15 实施

内蒙古自治区市场监督管理局　　　发　布

前　言

本文件按照 GB/T 1.1—2020《标准化工作导则　第 1 部分：标准化文件的结构和起草规则》的规定起草。

本文件由通辽市市场监督管理局提出。

本文件由内蒙古自治区工业和信息化厅归口。

本文件起草单位：内蒙古弘达盛茂农牧科技发展有限公司、通辽市农牧科学研究所、库伦旗农业技术推广中心、内蒙古库伦旗蕴绿菌业食品有限公司、内蒙古绿研农业开发有限公司、库伦旗谷龙塔商贸有限公司、内蒙古自治区质量和标准化研究院。

本文件主要起草人：于晓弘、张春华、呼瑞梅、包宏伟、刘伟春、张琦、黄前晶、张桂华、郭大利、伙秀兰、李文洁、赵智宇、张絮颖、董志强、齐金全、丁宁、金晓光。

库伦荞麦壳加工技术规程

1 范围

本文件规定了库伦荞麦壳加工的术语和定义、基本条件要求、工艺流程、加工技术要求和记录。

本文件适用于库伦荞麦壳加工过程的质量控制。

2 规范性引用文件

下列文件中的内容通过文中的规范性引用而构成本文件必不可少的条款。其中，注日期的引用文件，仅该日期对应的版本适用于本文件；不注日期的引用文件，其最新版本（包括所有的修改单）适用于本文件。

GB/T 191 包装储运图示标志

GB 5749 生活饮用水卫生标准

GB/T 6388 运输包装收发货标志

GB 7718 食品安全国家标准　预包装食品标签通则

GB 14881 食品安全国家标准　食品生产通用卫生规范

GB/T 17109 粮食销售包装

DB15/T 951 地理标志产品　库伦荞麦

3 术语和定义

下列术语和定义适用于本文件。

3.1

荞麦壳 buckwheat husk

荞麦籽粒加工后分离出的壳。

3.2

杂质 impurity

荞麦壳中含有的荞麦碎皮及荞麦仁、荞麦粒等非荞麦壳物质。

4 基本条件要求

4.1 原料要求

荞麦原料应符合 DB15/T 951 的要求，水应符合 GB 5749 的要求。

4.2 加工条件要求

加工基本条件应符合 GB 14881 的要求。

5 工艺流程

5.1 甜荞麦壳工艺流程

甜荞麦原粮→清杂→润麦→分级→脱壳→筛分→风选→清洗→干燥→成品。

5.2 苦荞麦壳工艺流程

苦荞麦原粮→筛选、除杂→清洗、浸泡→滤干→蒸制熟化→干燥→分级→脱壳→筛分→风选→成品。

6 加工技术要求

6.1 清杂

将待加工的荞麦原粮通过清粮设备（筛选、风选、去石、磁选）去除秕粒、石子等杂质。

6.2 润麦

将清理好的原料进行喷水润麦并搅匀，夏季水温以常温为宜，秋冬季用温水不超过40 ℃，湿润程度以手抓一把荞麦粒成团，松开即散为准，或每100 kg喷水0.5 kg。新荞麦可以不进行此环节。

6.3 分级

清杂后的荞麦通过孔径大小不一致的5个振动筛（孔径：3.2 mm、3.4 mm、3.5 mm、3.6 mm、3.8 mm），筛分出粒径大小不同的荞麦。根据粒径的大小进行分级，分级越多脱壳率越高。根据荞麦粒径将荞麦分为5个级别。

6.4 清洗、浸泡

清洗清杂后的原料至表面无杂质，常温下浸泡至苦荞麦充分吸水、无硬芯。

6.5 滤干

捞出后滤干水，达到80%干燥。

6.6 蒸制熟化

将浸泡好的原料在蒸煮设备中蒸煮，温度控制在90 ℃～100 ℃，时间控制在20 min～25 min。

6.7 干燥

将蒸制熟化后的原料输送干燥机中进行干燥，干燥机温度应控制在140 ℃～160 ℃，高温干燥至原料含水量 20.0%～24.0%。

6.8 脱壳

分级后的荞麦分别进入对应的脱壳机进行脱壳。

6.9 筛分

脱壳后的荞麦壳进入高频振动筛，将荞麦壳与荞麦皮进行初步筛分。

6.10 风选

对已经筛分出等级的荞麦壳，再一次用风机吹出单片荞麦皮、质量轻质地软的不合格的荞麦壳。

6.11 包装

包装材料、容器应符合 GB/T 17109 的规定。

6.12 标志、运输、贮存

6.12.1 标志

产品标签应符合 GB 7718 的规定，外包装上除标明产品名称、制造者的名称和地址外，还需标明净重。涉及的包装储运图标标识和运输包装收发货标志应分别符合 GB/T 191、GB/T 6388 的规定。

6.12.2 运输

6.12.2.1 运输工具应清洁卫生、干燥、无污染，并有防尘、防雨雪、防潮、防晒设施。

6.12.2.2 产品不应与有毒、有害、有腐蚀性、易挥发或有异味的物品混装运输。

6.12.2.3 运输过程中不应暴晒、雨淋、受潮。

6.12.3 贮存

6.12.3.1 产品不应与有毒、有害、有腐蚀性、易挥发或有异味的物品同库贮存。

6.12.3.2 产品应贮存在清洁、干燥、通风良好并有防雨、防潮、防虫、防鼠设施库房内，产品应隔墙离地存放，离地需 20 cm 以上，严禁露天堆放、日晒、雨淋或靠近热源。

7 记录

7.1 原料、生产加工的关键控制点应有记录，原始记录格式规范、字迹清晰。

7.2 各项原始记录应按照规定保存不少于 2 年，若有新规定按其执行。

ICS 67.020
CCS X 11

DB15

内 蒙 古 自 治 区 地 方 标 准

DB 15/T 2706—2022

库伦荞麦粉加工技术规程

Technical specification for flour
processing of Kulun buckwheat

2022-08-15 发布 　　　　　　　　　　　2022-09-15 实施

内蒙古自治区市场监督管理局　　　发　布

前　　言

本文件按照 GB/T 1.1—2020《标准化工作导则　第 1 部分：标准化文件的结构和起草规则》的规定起草。

本文件由通辽市市场监督管理局提出。

本文件由内蒙古自治区工业和信息化厅归口。

本文件起草单位：库伦旗农业技术推广中心、通辽市农牧科学研究所、内蒙古绿研农业开发有限公司、库伦旗谷龙塔商贸有限公司、内蒙古库伦旗蕴绿菌业食品有限公司、内蒙古弘达盛茂农牧科技发展有限公司、中国农业科学院作物科学研究所、内蒙古自治区质量和标准化研究院。

本文件主要起草人：刘伟春、张春华、呼瑞梅、黄前晶、张桂华、伙秀兰、郭大利、于晓弘、周美亮、张凯旋、赵智宇、白照日格图、张絮颖、张力焱、王宏伟、塔娜、苏布道。

库伦荞麦粉加工技术规程

1 范围

本文件规定了库伦荞麦粉加工的术语和定义、基本条件要求、工艺流程、加工技术要求和记录。

本文件适用于库伦荞麦粉的加工。

2 规范性引用文件

下列文件中的内容通过文中的规范性引用而构成本文件必不可少的条款。其中，注日期的引用文件，仅该日期对应的版本适用于本文件；不注日期的引用文件，其最新版本（包括所有的修改单）适用于本文件。

GB/T 191 包装储运图示标志

GB 5749 生活饮用水卫生标准

GB/T 6388 运输包装收发货标志

GB 7718 食品安全国家标准 预包装食品标签通则

GB 13122 食品安全国家标准 谷物加工卫生规范

GB 14881 食品安全国家标准 食品生产通用卫生规范

GB/T 17109 粮食销售包装

DB15/T 951 地理标志产品 库伦荞麦

DB15/T 2710 库伦荞麦粉质量要求

3 术语和定义

下列术语和定义适用于本文件。

3.1

库伦荞麦粉 Kulun buckwheat flour

以库伦荞麦为原料，经清理、脱壳、研磨、筛理等工艺加工制成的粉状产品。

4 基本条件要求

4.1 加工场所

应符合 GB 14881 的规定。

4.2 设施设备

4.2.1 设施设备应符合 GB 14881 的规定。

4.2.2 仓库应配备库温、粮温监测，通风和温湿度调控，虫、鼠、鸟害防控等设施。

4.2.3 外溢粉尘的部位应安装粉尘控制装置。

4.2.4 设备应包括：初清设备、抛光机、比重去石机、磁选设备、润麦设备（含绞笼）、过渡仓、振动分级筛、脱壳机、刷粉机、磨粉机、分级筛、干粉混合机、定量包装机、封口机。

4.2.5 加工卫生

应符合 GB 14881、GB 13122 的规定。

4.3 原辅料

荞麦原粮应符合 DB15/T 951 的要求。

水质应符合 GB 5749 的要求。

4.4 食品添加剂

不应使用食品添加剂。

5 工艺流程

初清理→刷麦（除尘）→去石→磁选→润麦→入仓→分级→去石→磁选→脱壳（苦荞脱壳时滚轴间隙调小）→荞麦壳分离→磨粉→粉渣分离→粗细分级→分级磨粉→干粉混合→定量包装→入库。

6 加工技术要求

6.1 清理

原料经初清设备去杂后进行刷麦抛光和去石，磁选，使麦粒中杂质总量小于等于1.0%，并进行去磁。

6.2 润麦

将清理好的原料进行喷水润麦并搅匀，夏季水温以常温为宜，秋冬季用温水不超过40℃，湿润程度以手抓一把荞麦粒成团，松开即散为准，或每100 kg喷水0.5 kg，加工苦荞麦时可适当加大湿润度。新荞麦可以不进行此环节。

6.3 入仓

润麦后的荞麦粒进入生产线上的过渡仓暂贮，贮存时间不宜超过6 h。

6.4 分级

用振动分级筛将粒径过大麦粒及杂质去除，筛孔要针对甜荞麦和苦荞麦粒径不同更换。

6.5 去石

进一步用比重去石机对荞麦粒去石、去杂粒。

6.6 磁选

利用磁力清选机清除物料中铁矿石、铁屑等磁性金属杂质。

6.7 脱壳

用脱壳机脱壳，针对粒径不同调整脱壳机间隙。

6.8 荞麦壳分离

用刷粉抛光机将混合物中的荞麦壳分离。

6.9 磨粉

分离出荞麦壳的混合物进入第一级磨粉机进行研磨。磨粉机滚轴间隙要针对甜荞麦和苦荞麦粒径不同提前调整。

6.10 粉渣分离

用刷粉抛光机除去碎渣。

6.11 细度分级

用多组（8目、16目、32目、64目、100目、110目、120目）双仓节能平筛对面粉进行细度分级。

6.12 分级制粉

用三组不同间隙磨粉机对不同细度面粉进行循环研磨。

6.13 干粉混合

6.13.1 每台平筛上通过多层120目筛孔的不同研磨遍数面粉进入干粉混合机进行搅拌、充分混合。

6.13.2 生产苦荞麦与甜荞麦掺混粉的，按需要掺混比例将制成的苦荞麦粉和甜荞麦粉掺混、拌匀。

6.14 检验

含砂量、水分应符合 DB 15/T 2710 的规定。

6.15 定量和包装

6.15.1 包装材料、容器应符合 GB/T 17109 的规定。

6.15.2 需要计量的，按需求定量包装封口；不需计量的，直接包装封口。

6.16 标志、运输、贮存

6.16.1 标志

产品标签应符合 GB 7718 的规定，外包装上除标明产品名称、制造者的名称和地址外，还需标明净重。涉及的包装储运图标标识和运输包装收发货标志应分别符合 GB/T 191、GB/T 6388 的规定。

6.16.2 运输

6.16.2.1 运输工具应清洁卫生、干燥、无污染，并有防尘、防雨雪、防潮、防晒设施。

6.16.2.2 产品不应与有毒、有害、有腐蚀性、易挥发或有异味的物品混装运输。

6.16.2.3 运输过程中不应暴晒、雨淋、受潮。

6.16.3 贮存

6.16.3.1 产品不应与有毒、有害、有腐蚀性、易挥发或有异味的物品同库贮存。

6.16.3.2 产品应贮存在清洁、干燥、通风良好并有防雨、防潮、防虫、防鼠设施的库房内，产品应隔墙离地存放，离地需 20 cm 以上，严禁露天堆放、日晒、雨淋或靠近热源。

7 记录

7.1 原料、生产加工中的关键控制点应有记录，原始记录格式规范、字迹清晰。

7.2 各项原始记录应按规定保存不少于 2 年，若有新规定按其执行。

ICS 67.020
CCS X 11

DB15

内 蒙 古 自 治 区 地 方 标 准

DB 15/T 2707—2022

库伦苦荞茶加工技术规程

Technical regulation for tea processing of
Kulun tartary buckwheat

2022-08-15 发布   2022-09-15 实施

内蒙古自治区市场监督管理局   发 布

前　言

本文件按照 GB/T 1.1—2020《标准化工作导则　第 1 部分：标准化文件的结构和起草规则》的规定起草。

本文件由通辽市市场监督管理局提出。

本文件由内蒙古自治区工业和信息化厅归口。

本文件起草单位：内蒙古库伦旗蕴绿菌业食品有限公司、通辽市农牧科学研究所、库伦旗农业技术推广中心、内蒙古绿研农业开发有限公司、内蒙古弘达盛茂农牧科技发展有限公司、库伦旗谷龙塔商贸有限公司、内蒙古自治区质量和标准化研究院。

本文件主要起草人：郭大利、张春华、呼瑞梅、刘伟春、郭富、黄前晶、张桂华、苏布道、伙秀兰、于晓弘、赵智宇、陈景辉、黄丽丽、张絮颖、董志朋、齐金全。

库伦苦荞茶加工技术规程

1 范围

本文件规定了库伦苦荞茶加工的术语和定义、加工技术要求、包装、标志、运输、贮存和记录及文件管理要求。

本文件适用于以库伦苦荞麦为原料，经蒸煮、干燥、脱壳、烘炒而成的苦荞茶生产。

2 规范性引用文件

下列文件中的内容通过文中的规范性引用而构成本文件必不可少的条款。其中，注日期的引用文件，仅该日期对应的版本适用于本文件；不注日期的引用文件，其最新版本（包括所有的修改单）适用于本文件。

GB/T 191 包装储运图示标志

GB 2715 食品安全国家标准 粮食

GB 4806.7 食品安全国家标准 食品接触用塑料材料及制品

GB 5749 生活饮用水卫生标准

GB/T 6388 运输包装收发货标志

GB 7718 食品安全国家标准 预包装食品标签通则

GB 14881 食品安全国家标准 食品生产通用卫生规范

NY/T 658 绿色食品 包装通用准则

DB15/T 951 地理标志产品 库伦荞麦

3 术语和定义

下列术语和定义适用于本文件。

3.1

库伦苦荞茶 Kulun tartary buckwheat tea

以库伦苦荞麦为原料，经过蒸煮、干燥、脱壳、烘炒制成的饮品。

4 加工技术要求

4.1 工艺流程

库伦苦荞麦→清选去杂→浸泡→蒸煮→干燥→脱壳、分级→烘炒→色选→筛分→冷却→成品→包装。

4.2 原料质量

苦荞麦应符合 GB 2715、DB15/T 951 的要求。用水符合 GB 5749 的要求。

4.3 清杂

苦荞麦原料通过筛选、去杂、去石、磁选等清粮设备后，总杂质小于等于 1.0%。

4.4 浸泡

清洗清杂后的原料至表面无杂质，常温浸泡 3 h~5 h 或 40 ℃ 温水浸泡 0.5 h。

4.5 蒸煮

将浸泡好的原料在蒸煮设备中蒸煮，温度控制在 90 ℃~100 ℃，时间控制在 20 min~25 min。

4.6 干燥

将蒸制熟化后的原料输送干燥机中进行干燥，干燥机温度应控制在 140 ℃~160 ℃，高温干燥至原料含水量 20.0%~24.0%。

4.7 脱壳、分级

烘干后的原料进行脱壳，将壳和仁剥离，再进入分离机中，使得壳、米分离，苦荞米物料进入振动分级筛，过筛分级。

4.8 烘炒

分级后的物料进行烘干和炒制，温度应控制在 170 ℃~180 ℃，烘炒后的苦荞茶水分含量小于等于 6.0%。

4.9 冷却

置于干燥处，自然冷却至常温。

4.10 筛分

采用筛孔为 2.0 mm 的筛分设备去除碎屑物。

4.11 色选

采用色选设备色选两次剔除异色粒，经色选后的物料颗粒、色泽均匀一致，成品选净率大于等于 99.5%。

4.12 加工过程质量卫生要求

生产场所、生产设备、生产过程卫生应符合 GB 14881 的要求。

5 包装

5.1 包装材料应符合 GB 4806.7、NY/T 658 的规定。

5.2 包装应封装严密，不得有破损现象。包装箱应牢固，胶封结实。

5.3 包装场地应具备通风、干燥、防雨、防潮的功能。

6 标志

产品标签应符合 GB 7718 的规定，外包装上除标明产品名称、制造者的名称和地址外，还需标明净重。涉及的包装储运图标标识和运输包装收发货标志应分别符合 GB/T 191、GB/T 6388 的规定。

7 运输

7.1 运输工具应清洁、卫生，产品不应与有毒、有害、有腐蚀性、易挥发或有异味的物品混装运输。

7.2 搬运时应轻拿轻放，严禁扔摔、撞击、挤压。

7.3 运输过程中不应曝晒、雨淋、受潮。

8 贮存

8.1 产品不应与有毒、有害、有腐蚀性、易挥发或有异味的物品同库贮存。

8.2 产品应贮存在清洁、干燥、通风良好并有防雨、防潮、防虫、防鼠设施的库房内，产品应隔墙离地存放，离地需 20 cm 以上，严禁露天堆放、日晒、雨淋或靠近热源。

9 记录及文件管理

9.1 企业应制定质量管理手册并实施质量控制措施，关键工艺和关键控制点应有作业指导书，并记录执行情况。

9.2 原料收购、加工、贮存、运输、出入库和销售的记录完整。

9.3 每批加工的产品应编制加工生产日期和批号，并一直沿用到产品终端销售。

9.4 实施出厂检验制度，并有相关的检验原始记录。

9.5 上述记录的保存期限应不少于 2 年，以便追溯。

ICS 67.060
CCS B 00

DB15

内 蒙 古 自 治 区 地 方 标 准

DB 15/T 2708—2022

库伦荞麦米质量要求

Quality requirements for Kulun
buckwheat grain

2022-08-15 发布　　　　　　　　　　2022-09-15 实施

内蒙古自治区市场监督管理局　　　发　布

前　言

本文件按照 GB/T 1.1—2020《标准化工作导则　第 1 部分：标准化文件的结构和起草规则》的规定起草。

本文件由通辽市市场监督管理局提出。

本文件由内蒙古自治区工业和信息化厅归口。

本文件起草单位：通辽市农牧科学研究所、中国农业科学院作物科学研究所、库伦旗农业技术推广中心、内蒙古弘达盛茂农牧科技发展有限公司、内蒙古绿研农业开发有限公司、内蒙古库伦旗蕴绿菌业食品有限公司、内蒙古自治区质量和标准化研究院。

本文件主要起草人：张春华、呼瑞梅、刘伟春、周美亮、张凯旋、于晓弘、黄前晶、张桂华、郭大利、张絮颖、董志强、伙秀兰、张琦、王宏伟、塔娜、孙晓梅、文峰。

库伦荞麦米质量要求

1 范围

本文件规定了库伦荞麦米质量要求的术语和定义、质量要求、检验方法、检验规则、标签标识、包装、贮存和运输、保质期要求。

本文件适用于以库伦荞麦籽为原料，经加工制成的粒状荞麦产品。

2 规范性引用文件

下列文件中的内容通过文中的规范性引用而构成本文件必不可少的条款。其中，注日期的引用文件，仅该日期对应的版本适用于本文件；不注日期的引用文件，其最新版本（包括所有的修改单）适用于本文件。

GB/T 191 包装储运图示标志

GB 2761 食品安全国家标准 食品中真菌毒素限量

GB 2762 食品安全国家标准 食品中污染物限量

GB 2763 食品安全国家标准 食品中农药最大残留限量

GB 5009.3 食品安全国家标准 食品中水分的测定

GB/T 5490 粮油检验 一般规则

GB/T 5491 粮食、油料检验 扦样、分样法

GB/T 5492 粮油检验 粮食、油料的色泽、气味、口味鉴定

GB/T 5493 粮油检验 类型及互混检验

GB/T 5494 粮油检验 粮食、油料的杂质、不完善粒检验

GB/T 5503—2009 粮油检验 碎米检验法

GB 7718 食品安全国家标准 预包装食品标签通则

GB 14881 食品安全国家标准 食品生产通用卫生规范

GB/T 17109 粮食销售包装

NY/T 1295 荞麦及其制品中总黄酮含量的测定

DB15/T 951 地理标志产品 库伦荞麦

国家质量监督检验检疫总局令〔2005〕第 75 号《定量包装商品计量监督管理办法》

3 术语和定义

下列术语和定义适用于本文件。

3.1

虫蚀粒 injured kernel

受到伤害但尚有利用价值的颗粒。

3.2

病斑粒 zebra grain

粒面带有病斑，伤及胚或胚乳的颗粒。

3.3

生霉粒 milew grain

粒面生霉的颗粒。

3.4

其他不完善粒 other imperfect granules

完全未脱壳的完整籽粒、米粒不饱满的未成熟粒。

3.5

碎米 broken kernel

不足本品完整颗粒体积 2/3 的荞麦米。

3.6

杂质 extraneous matter

除荞麦米粒之外的其他物质，包括筛下物和矿物质等。

3.7

矿物质 inorganic extraneous matter

泥土、砂石、砖瓦块及其他无机杂质。

3.8

其他杂质 other impurities

荞麦壳、异种粮及其他有机杂质。

3.9

总黄酮 total flavonoids

是一类存在于自然界的、具有 2-苯基色原酮（flavone）结构的化合物。

3.10

互混率 other kind rice kernel percentage

试样中混入的甜荞麦米或苦荞麦米占试样的质量百分率。

4 质量要求

4.1 原料要求

应符合 DB15/T 951 的规定。

4.2 感官要求

感官要求应符合表 1 的规定。

表 1　感官要求

品种	甜荞麦米	苦荞麦米	检验方法
色泽	绿色、有光泽	浅褐色至褐色，有光泽	取适量样品置于白瓷盘内，在充足的阳光下，观察色泽，组织状态或形状，检查有无外来杂质，并嗅其气味，尝其滋味
气味	具有甜荞麦米特有的香味，无其他异味和霉味，微甜	具有苦荞麦米特有的香味，无其他异味和霉味，微苦	
外观	三角颗粒状，大小均匀，颗粒饱满	不规则颗粒状，大小均匀	
杂质	无肉眼可见的外来杂质		

4.3　质量指标

荞麦米质量应符合表 2 的规定。

表 2　质量要求

项目		甜荞麦米		苦荞麦米	
		一级	二级	一级	二级
粗蛋白（干基），g/100g		≥12.0	≥10.0	≥12.0	≥10.0
总黄酮（干基，以芦丁计），%		≥0.2		≥1.2	≥0.8
脂肪酸值，mg/100g		≤60.0			
水分，%		≤14.0			
碎米	总量，%	≤4.0		≤8.0	
杂质	总量，%	≤0.3			
	矿物质，%	≤0.02			
	未脱壳粒，%	≤0.2			
不完善粒，%		≤2.0		≤0.1	
互混率，%		≤1.0			
霉变粒，%		≤0.1		≤0.2	

4.4　安全卫生要求

应符合 GB 2761、GB 2762、GB 2763 的规定。

4.5　净含量

应符合国家质量监督检验检疫总局令〔2005〕第 75 号的规定。

4.6　其他

不应添加任何食品添加剂和非食用物质。

5 检验方法

5.1 扦样、分样

按 GB/T 5491 执行。

5.2 色泽、气味、口味鉴定

按 GB/T 5492 执行。

5.3 总黄酮含量检验

按 NY/T 1295 执行。

5.4 水分含量测定

按 GB 5009.3 执行。

5.5 碎米含量检验

参照 GB/T 5503-2009 中的 7.1 执行。

5.6 杂质含量检验

按 GB/T 5494 执行。

5.7 互混率检验

按 GB/T 5493 执行。

6 检验规则

6.1 一般规则

检验的一般规则按 GB/T 5490 执行。

6.2 组批

同一批原料、同产地、同收获年、同工艺、同设备、同班次加工的产品为一批。

6.3 抽样

净含量大于或等于 5 kg 的产品每批次抽取 5 kg，样品混合均匀后，平均分成 2 份，1 份检验，1 份备查；净含量小于 5 kg 的产品每批次抽取 6 个独立包装（总质量不得少于 5 kg），分为 2 份，1 份检验，1 份备查。

6.4 出厂检验

每批产品出厂前，由企业质量检验部门进行检验，检验合格并附合格证的产品方可出厂，检验项目：感官指标、水分、净含量。

6.5 型式检验

产品型式检验项目为本标准要求的全部内容。在正常生产时每年不少于 2 次型式检验，有下列情况之一者应进行型式检验：

    a）新产品投产时；

    b）主要原料、配方或工艺有较大变化时；

    c）产品停产 3 个月及以上恢复生产时；

    d）出厂检验结果与上次型式检验有较大差异时；

    e）国家质量监督机构提出型式检验要求时。

6.6 判定规则

甜荞麦米、苦荞麦米含量符合表 2 中相应的要求，判定为合格产品；指标中有一项达不到该质量要求，其他指标符合本标准规定的，判定为不合格产品。检验结果中如有不合格项时，允许在同一批次产品中加倍抽样复检，以复检结果为准。

7 标签标识

标识应符合 GB/T 191、GB 7718 的规定。

8 包装、贮存和运输

8.1 包装

按 GB/T 17109 粮食销售包装的规定执行。

8.2 贮存

8.2.1 仓库必须清洁、干燥、通风、无鼠虫害、防雨、防潮、无异味。

8.2.2 成品不应露天堆放，堆放必须有垫板，离地离墙 20 cm 以上。

8.2.3 不应与有毒有害、腐败变质、有不良气味或潮湿的物品同仓库存放。

8.3 运输

运输工具应安全、清洁、无异味，无其他污染物，防止重压。产品在运输过程中应遮盖，防雨、防晒。

9 保质期

在自然存贮状态下，保质期 12 个月，真空包装保质期 18 个月。

ICS 67.060
CCS B 00

DB15

内 蒙 古 自 治 区 地 方 标 准

DB 15/T 2709—2022

库伦荞麦壳质量要求

Quality requirements for Kulun buckwheat husk

2022-08-15 发布   2022-09-15 实施

内蒙古自治区市场监督管理局   发 布

前　言

本文件按照 GB/T 1.1—2020《标准化工作导则　第 1 部分：标准化文件的结构和起草规则》的规定起草。

本文件由通辽市市场监督管理局提出。

本文件由内蒙古自治区工业和信息化厅归口。

本文件起草单位：内蒙古弘达盛茂农牧科技发展有限公司、通辽市农牧科学研究所、库伦旗农业技术推广中心、内蒙古绿研农业开发有限公司、内蒙古库伦旗蕴绿菌业食品有限公司、内蒙古自治区质量和标准化研究院。

本文件主要起草人：于晓弘、张春华、呼瑞梅、刘伟春、包宏伟、黄前晶、张桂华、郭大利、伙秀兰、齐金全、李文洁、王健、张力焱、王宏伟、塔娜、贾东岩、王先智。

库伦荞麦壳质量要求

1 范围

本文件规定了库伦荞麦壳质量的术语和定义、质量要求、检验方法、检验规则、包装、标志、运输、贮存。

本文件适用于库伦荞麦壳的质量控制。

2 规范性引用文件

下列文件中的内容通过文中的规范性引用而构成本文件必不可少的条款。其中，注日期的引用文件，仅该日期对应的版本适用于本文件；不注日期的引用文件，其最新版本（包括所有的修改单）适用于本文件。

GB/T 191 包装储运图示标志

GB 5009.3 食品安全国家标准　食品中水分的测定

GB/T 6388 运输包装收发货标志

GB/T 17109 粮食销售包装

3 术语和定义

下列术语和定义适用于本文件。

3.1

荞麦壳 buckwheat husk

荞麦籽粒加工后分离出的壳。

3.2

含壳率 the shell content

试样总量中荞麦壳所占的比率。

3.3

含杂率 trash content

在规定试样中，杂质占其试样质量的百分率。

3.4

杂质 impurity

荞麦壳含有的荞麦碎皮及荞麦仁、荞麦粒等非荞麦壳物质。

4 质量要求

4.1 感官要求

应符合表1的规定。荞麦壳外观形态见附录A。

表1　感官要求

项目	要求
颜色	色泽自然，呈黑色、灰色、褐色或深褐色
气味	气味正常，不得有农药味、霉味等异味
外观	外观完好，不得有瘪粒、碎粒

4.2　质量指标

荞麦壳质量指标见表2

表2　质量指标

序号	项目	指标		
		优等品	一等品	合格品
1	含水率,%	≤14.0		
2	含杂率,%	≤0.5	≤1.0	≤3.0
3	荞麦仁粒率,（粒/100g）	≤0	≤1	≤2
4	含壳率,%	≥98.0	≥90.0	≥70.0
注：不得检出金属物或尖锐物等有害杂质，针、铁丝、木棍等。				

4.3　卫生要求

肉眼观察不应检出蚤、蜱、臭虫等可能传播疾病与危害健康的节足动物和象鼻虫。

5　检验方法

5.1　抽样应具有代表性，检验样本从检验批中随机抽取，外包装物应完整。

5.2　以相同荞麦壳原料为一个批次，批量小于等于1 000件，至少抽取3件（小于3件时全抽）；1 000件至5 000件，至少抽取5件，每增加5 000件（不足5 000件按5 000件计），至少增抽2件。

5.3　在每件产品不同区域上随机抽取约200 g，并充分混合均匀后，从中抽取约500 g作为实验室样品，若每件产品荞麦壳不足200 g，则应增加批样的抽样件数，满足实验室样品的取样量。

5.4　抽取实验室样品后，应即刻密封包装，应保证含水率和异味测试的准确性。

5.5　抽样方案另有规定或合同、协议的，按有关规定或合同、协议执行。

5.6　含水率测定

按GB 5009.3规定执行。

5.7 异味

5.7.1 器具：1 000 ml 玻璃烧杯。

5.7.2 异味的判定采用嗅觉评判的方法，评判人员应是经过一定训练和考核的专业人员。

5.7.3 从实验室样品中，用玻璃杯取荞麦壳装至 1 000 ml 刻度线，靠近鼻腔，仔细嗅闻试样所带有的气味，如检出有霉味或六六粉味，则判定"有异味"，并记录异味类别，否则判定"无异味"。

5.7.4 取样后应立即检测，检测应在清洁的无异常气味的环境中进行。

5.7.5 检测应由 3 人独立评判，并以 2 人一致的结果为最终检测结果。

5.8 含壳率

5.8.1 方法选择

含壳率检验采用筛网法，也可采用手拣法。仲裁检验时采用手检法。

5.8.2 仪器和器具

5.8.2.1 标准筛振筛机：横向摇动频率（220±10）次/min，回转半径（12±1）mm。垂直振动频率（150±10）次/min，振幅（10±1）mm。

5.8.2.2 检验筛：筛子内经 200 mm，不锈钢平纹编织筛网，方形孔径尺寸为 1 mm×10 mm。

5.8.2.3 天平：最小分度值 0.01 g。

5.8.3 试验步骤

5.8.3.1 筛网法

5.8.3.1.1 称取除去杂质后的荞麦壳 500 g 试样 2 个，精确至 0.01 g。杂质去除方法同含杂率试验方法。

5.8.3.1.2 将试样倒入筛子内，同时另加一个筛子底盘。盖好筛盖后，安放在振筛机承筛座内。可同时安放几组筛子。固紧筛子，设置定时器为 2 min~3 min，进行试验。

5.8.3.1.3 试验完成后，取下筛子，观察筛子内试样中是否还有荞麦单皮，若有应再继续试验，或手工拣出。采用最小分度值为 0.01 g 天平，称量荞麦壳质量。

5.8.3.2 手拣法

称取除去杂质后的荞麦壳 10 g 试样 2 个，精确至 0.01 g。采用人工手拣方式，将试样中所含的荞麦壳拣出。采用最小分度值为 0.01 g 的天平，称量荞麦壳质量。

5.8.4 计算

按式（1）计算含壳率，求其平均值。

$$K=\frac{G_1}{G_2}\times100\%$$ （1）

式中：

K——含壳率，%；

G_1——荞麦壳质量，单位为克（g）；

G_2——试样的质量，单位为克（g）。

6 检验规则

产品经检验，全部检验项目均符合本标准规定，判定为合格品；检验结果中如有一项以上（含一项）不符合本标准规定，即判该产品为不合格品。

7 包装、标志、运输、贮存

7.1 包装

包装材料、容器应符合 GB/T 17109 的规定。

7.2 标志

产品标签外包装上除标明产品名称、制造者的名称和地址外，还需标明净重。涉及的包装储运图标标识和运输包装收发货标志应分别符合 GB/T 191、GB/T 6388 的规定。

7.3 运输

7.3.1 运输工具应清洁卫生、干燥、无污染，并有防尘、防雨雪、防潮、防晒设施。

7.3.2 产品不应与有毒、有害、有腐蚀性、易挥发或有异味的物品混装运输。

7.3.3 运输过程中不应暴晒、雨淋、受潮。

7.4 贮存

7.4.1 产品不应与有毒、有害、有腐蚀性、易挥发或有异味的物品同库贮存。

7.4.2 产品应贮存在清洁、干燥、通风良好并有防雨、防潮、防虫、防鼠设施的库房内，产品应隔墙离地存放，离地需 20 cm 以上，严禁露天堆放、日晒、雨淋或靠近热源。

附 录 A
(资料性)
荞麦壳外观形态

A.1 荞麦壳说明

　　荞麦主要有甜荞麦和苦荞麦，荞麦壳就是荞麦的外壳，分荞麦壳和荞麦皮，荞麦壳由多片组成，一般呈不规则棱形壳状，坚而不硬，连接着并仍然保持原有壳状的两片也计为壳。破碎后的壳和皮均称为荞麦碎皮，荞麦壳的颜色呈黑、褐或灰色，一般甜荞壳比苦荞壳大。

A.2 荞麦壳外观形态

A.2.1 荞麦壳 见图 A.1

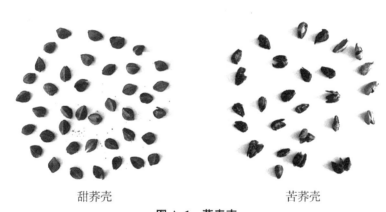

甜荞壳　　　　　　　　　　　　苦荞壳

图 A.1 荞麦壳

A.2.2 荞麦皮 见图 A.2

甜荞皮

图 A.2 荞麦皮

A.2.3 荞麦碎皮 见图 A.3

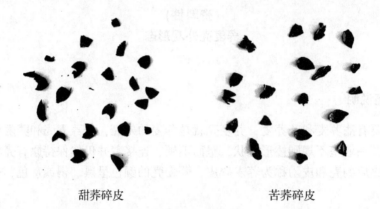

甜荞碎皮   苦荞碎皮

图 A.3 荞麦碎皮

ICS 67.060
CCS B 00

DB15

内 蒙 古 自 治 区 地 方 标 准

DB 15/T 2710—2022

库伦荞麦粉质量要求

Quality requirements for Kulun buckwheat flour

2022-08-15 发布

2022-09-15 实施

内蒙古自治区市场监督管理局　　发　布

前　言

本文件按照 GB/T 1.1—2020《标准化工作导则　第 1 部分：标准化文件的结构和起草规则》的规定起草。

本文件由通辽市市场监督管理局提出。

本文件由内蒙古自治区工业和信息化厅归口。

本文件起草单位：库伦旗农业技术推广中心、通辽市农牧科学研究所、内蒙古绿研农业开发有限公司、内蒙古库伦旗蕴绿菌业食品有限公司、内蒙古弘达盛茂农牧科技发展有限公司、中国农业科学院作物科学研究所、内蒙古自治区质量和标准化研究院。

本文件主要起草人：刘伟春、张春华、呼瑞梅、黄前晶、张桂华、伙秀兰、郭大利、于晓弘、周美亮、张凯旋、董志朋、孙晓梅、苏布道、王先智、黄丽丽、陈景辉、贾东岩。

库伦荞麦粉质量要求

1 范围

本文件规定了库伦荞麦粉的术语和定义、产品分类、质量要求、检验规则、检验方法、标志、包装、运输、贮存、保质期。

本文件适用于以库伦荞麦为原料加工制成的荞麦粉。

2 规范性引用文件

下列文件中的内容通过文中的规范性引用而构成本文件必不可少的条款。其中，注日期的引用文件，仅该日期对应的版本适用于本文件；不注日期的引用文件，其最新版本（包括所有的修改单）适用于本文件。

GB/T 191 包装储运图示标志

GB 2715 食品安全国家标准　粮食

GB 5009.3 食品安全国家标准　食品中水分的测定

GB 5009.4 食品安全国家标准　食品中灰分的测定

GB/T 5491 粮食、油料检验　扦样、分样法

GB/T 5492 粮油检测　粮食、油料的色泽、气味、口味鉴定

GB/T 5507 粮油检验　粉类粗细度测定

GB/T 5508 粮油检验　粉类粮食含砂量测定

GB/T 5509 粮油检验　粉类磁性金属物测定

GB/T 5510 粮油检验　粮食、油料脂肪酸值测定

GB/T 6388 运输包装收发货标志

GB 7718 食品安全国家标准　预包装食品标签通则

GB 13122 食品安全国家标准　谷物加工卫生规范

GB/T 17109 粮食销售包装

JJF 1070 定量包装商品净含量计量检验规则

NY/T 1295 荞麦及其制品中总黄酮含量的测定

DB15/T 951 地理标志产品　库伦荞麦

国家质量监督检验检疫总局令〔2005〕第 75 号《定量包装商品计量监督管理办法》

3 术语和定义

下列术语和定义适用于本文件。

3.1

库伦荞麦 Kulun buckwheat

在库伦荞麦地理标志产品保护范围内，经标准化种植、加工生产的甜荞麦、苦荞麦及产品。

3.2

库伦荞麦粉 Kulun buckwheat flour

以库伦荞麦为原料，经清理、磁选、去石、分级、脱壳、研磨、筛理、配粉和包装等工艺制成的荞麦粉。

3.3

掺混荞麦粉 mixture buckwheat flour

由甜荞麦与苦荞麦分别制成荞麦粉后，按一定比例掺混均匀，或由甜荞麦与苦荞麦按一定比例掺混加工后，全部通过多层 120 目筛孔制成的荞麦粉。

4 产品分类

4.1 按原料品种不同分为：甜荞麦粉、苦荞麦粉、甜荞麦粉与苦荞麦粉掺混粉。

4.2 按荞麦粉加工工艺和研磨级别不同分为：荞麦粉和甜荞麦灌肠粉。

5 质量要求

5.1 原料要求

库伦荞麦应符合 DB 15/T 951 的规定。

5.2 库伦荞麦粉加工要求

应符合 GB 13122 的规定。

5.3 库伦荞麦粉感官要求

应符合表 1 的规定。

表 1 荞麦粉的感官要求

项目	指标
色泽	具有该产品固有的色泽，灰白色（甜荞粉）、浅绿色（苦荞粉）
口味、气味	具有该产品固有的口味，气味正常，无异味

5.4 荞麦粉理化指标

应符合表 2 的规定。

表 2　理化指标

分类及名称		粗细度	掺混比例	灰分（干基）（%）	含砂量（%）	总黄酮（干基）（%）	磁性金属物（g/kg）	脂肪酸值（干基）（mg/100 g）	水分（%）
甜荞麦粉	甜荞麦粉	通过120目筛	—	≤2.0	≤0.02	≥0.2	≤0.003	≤60	≤14.5
	血肠灌肠粉	通过80目筛	—						
苦荞麦粉	苦荞麦粉	通过120目筛	—			≥1.2			
甜荞麦粉与苦荞麦粉掺混粉	普通掺混荞麦粉	通过120目筛	4.5∶1			≥0.4			

5.5　真实性要求

荞麦粉中不允许添加任何其他物质和其他谷物粉。

5.6　净含量

应符合国家质量监督检验检疫总局令〔2005〕第75号的规定。

6　检验规则

6.1　组批

同一批原料、同工艺、同设备、同班次生产的同一品种的产品为一批。

6.2　扦样

6.2.1　产品扦样，分样按照 GB/T 5491 中的规定执行。

6.2.2　净含量大于或等于 5 kg 的产品每批抽取 5 kg，样品混合均匀后，平均分成 2 份，1 份检验，1 份备查；净含量小于 5 kg 的产品每批抽取 6 个独立包装（总量不少于 5 kg），样品分成 2 份，1 份检验，1 份备查。

6.3　出厂检验

每批产品经本厂质量检验部门检验，合格后方可出厂。出厂检验项目为：气味、口味、色泽、水分、粗细度、灰分、净含量。

6.4　型式检验

产品在正常生产时每年型式检验不少于 2 次，对产品进行型式检验时，应对本文件技术要求中的全部项目进行检验。出现下列情形之一时亦应及时进行型式检验：

    a）新产品投产时；

    b）主要原料，关键工艺，设备发生较大变化时；

    c）产品停产 6 个月以上恢复生产时；

    d）出厂检验结果与上次型式检验结果有较大差异时；

    e）食品安全监督机构提出检验要求时。

6.5 判定规则

6.5.1 产品经检验，全部检验项目均符合本文件规定，判定为合格品；检验结果中如有一项以上（含一项）不符合本文件规定，即判该产品为不合格品。

6.5.2 产品未标注类别时，按普通荞麦粉判定。

7 检验方法

7.1 质量指标检验

7.1.1 粗细度：按 GB/T 5507 规定的方法检验。

7.1.2 灰分：按 GB 5009.4 规定的方法检验。

7.1.3 含砂量：按 GB/T 5508 规定的方法检验。

7.1.4 总黄酮：按 NY/T 1295 规定的方法检验。

7.1.5 磁性金属物：按 GB/T 5509 规定的方法检验。

7.1.6 脂肪酸值：按 GB/T 5510 规定的方法检验。

7.1.7 水分：按 GB 5009.3 规定的方法检验。

7.1.8 色泽、气味、口味：按 GB/T 5492 规定的方法检验。

7.2 卫生指标检验

按 GB 2715 中规定的方法检验。

7.3 净含量检验

按 JJF 1070 中规定的方法检测。

8 标志、包装、运输、贮存、保质期

8.1 标志

产品标签符合 GB 7718 的规定，外包装上除标明产品名称、制造者的名称和地址外，还需标明净重。涉及的包装储运图标标识和运输包装收发货标志应分别符合 GB/T 191、GB/T 6388 的规定。

8.2 包装

包装材料应符合 GB/T 17109 的规定，包装应坚固结实、封口严密、无破损。

8.3 运输

8.3.1 运输工具应清洁卫生、干燥、无污染，并有防尘、防雨雪、防潮、防晒设施。

8.3.2 产品不应与有毒、有害、有腐蚀性、易挥发或有异味的物品混装运输。

8.3.3 运输过程中不应暴晒、雨淋、受潮。

8.4 贮存

8.4.1 产品不应与有毒、有害、有腐蚀性、易挥发或有异味的物品同库贮存。

8.4.2 产品应贮存在清洁、阴凉、干燥、通风良好并有防雨、防潮、防虫、防鼠设施的库房内，产品应隔墙离地存放，离地需 20 cm 以上，严禁露天堆放、日晒、雨淋或靠近热源。

8.5 保质期

产品保质期 12 个月。

ICS 67.060
CCS X 11

DB15

内 蒙 古 自 治 区 地 方 标 准

DB 15/T 2711—2022

库伦苦荞茶质量要求

Quality requirements for Kulun tartary buckwheat tea

2022-08-15 发布   2022-09-15 实施

内蒙古自治区市场监督管理局   发 布

前　言

本文件按照 GB/T 1.1—2020《标准化工作导则　第 1 部分：标准化文件的结构和起草规则》的规定起草。

本文件由通辽市市场监督管理局提出。

本文件由内蒙古自治区工业和信息化厅归口。

本文件起草单位：内蒙古库伦旗蕴绿菌业食品有限公司、通辽市农牧科学研究所、库伦旗农业技术推广中心、内蒙古绿研农业开发有限公司、内蒙古弘达盛茂农牧科技发展有限公司。

本文件主要起草人：郭大利、张春华、呼瑞梅、刘伟春、郭富、黄前晶、张桂华、伙秀兰、于晓弘、崔凤娟、贾娟霞、王健、张力焱、王宏伟、塔娜、潘君香。

库伦苦荞茶质量要求

1　范围

本文件规定了库伦苦荞茶质量要求的术语和定义、技术要求、生产加工过程要求、检验方法、检验规则、标志、包装、运输、贮存及保质期要求。

本文件适用于库伦苦荞茶生产和销售。

2　规范性引用文件

下列文件中的内容通过文中的规范性引用而构成本文件必不可少的条款。其中，注日期的引用文件，仅该日期对应的版本适用于本文件；不注日期的引用文件，其最新版本（包括所有的修改单）适用于本文件。

GB/T 191 包装储运图示标志

GB 2761 食品安全国家标准　食品中真菌毒素限量

GB 2762 食品安全国家标准　食品中污染物限量

GB 2763 食品安全国家标准　食品中农药最大残留限量

GB 4789.2 食品安全国家标准　食品微生物学检验　菌落总数测定

GB 4789.3 食品安全国家标准　食品微生物学检验　大肠菌群计数

GB 4806.7 食品安全国家标准　食品接触用塑料材料及制品

GB 5009.3 食品安全国家标准　食品中水分的测定

GB 5009.4 食品安全国家标准　食品中灰分的测定

GB 5009.11 食品安全国家标准　食品中总砷及无机砷的测定

GB 5009.12 食品安全国家标准　食品中铅的测定

GB 5009.15 食品安全国家标准　食品中镉的测定

GB 5009.22 食品安全国家标准　食品中黄曲霉毒素 B 族和 G 族的测定

GB 5009.123 食品安全国家标准　食品中铬的测定

GB 5749 生活饮用水卫生标准

GB/T 6388 运输包装收发货标志

GB 7718 食品安全国家标准　预包装食品标签通则

GB 14881 食品安全国家标准　食品企业通用卫生规范

GB 28050 食品安全国家标准　预包装食品营养标签通则

JJF 1070 定量包装商品净含量计量检验规则

NY/T 658 绿色食品　包装通用准则

NY/T 1295 荞麦及其制品中总黄酮含量的测定

DB15/T 951 地理标志产品　库伦荞麦

国家质量监督检验检疫总局令〔2005〕第75号《定量包装商品计量监督管理办法》

3 术语和定义

下列术语和定义适用于本文件。

3.1

库伦苦荞茶 Kulun tartary buckwheat tea

以库伦苦荞麦为原料，经蒸煮、干燥、脱壳、烘炒而制作的供人们饮用的产品。

4 技术要求

4.1 原料要求

4.1.1 苦荞麦

产自库伦荞麦地理标志保护范围内种植的苦荞麦，并符合 DB15/T 951 的规定。

4.1.2 水

来自库伦荞麦产地范围内地下水，水质按 GB 5749 规定执行。

4.2 感官要求

感官要求应符合表 1 的规定。

表 1 感官要求

项目	要求
色泽	呈橙黄色或浅黄褐色，无焦糊色，色泽基本均匀
滋味、气味	具有苦荞经炒制后特有的滋味、气味，无焦糊味及其他异味
组织状态	呈颗粒状，大小基本均匀
汤色	开水冲泡后茶汤清亮，呈浅黄色或黄绿色，无浑浊

4.3 理化指标

理化指标应符合表 2 的规定。

表 2 理化指标

项目	指标
水分，g/100 g	≤6.0
总灰分，g/100 g	≤ 5.0
总黄酮（以芦丁计），g/100 g	≥ 1.0
铅，mg/kg	≤ 0.2

（续表）

项目	指标
总砷，mg/kg	≤0.1
镉，mg/kg	≤0.1
铬，mg/kg	≤1.0
黄曲霉毒素 B_1，μg/kg	不得检出

4.4 微生物指标

微生物指标符合表 3 的规定。

表 3 微生物指标

项目	指标
菌落总数，CFU/g	<60
大肠菌群，CFU/g	<10

4.5 安全卫生要求

按国家卫生法规和 GB 2761、GB 2762、GB 2763 的规定执行。

4.6 净含量

应符合国家质量监督检验检疫总局令〔2005〕第 75 号的规定。

5 生产加工过程要求

应符合 GB 14881 的规定。

6 检验方法

6.1 感官指标

6.1.1 色泽、组织形态、滋味、气味

随机抽取 2 个最小包装样品散放于白色洁净的平盘中，在自然光下观察色泽和组织形态，嗅其气味，品尝其滋味。

6.1.2 汤色

取 10 g 样品至 500 ml 烧杯中，加入 100 ml 沸水，浸泡 3 min~5 min，观察汤色。

6.2 理化指标检验

6.2.1 水分

按 GB 5009.3 规定的方法检验。

6.2.2 总灰分

按 GB 5009.4 规定的方法检验。

6.2.3 总黄酮

按 NY/T 1295 规定的方法检验。

6.2.4 铅

按 GB 5009.12 规定的方法检验。

6.2.5 总砷

按 GB 5009.11 规定的方法检验。

6.2.6 镉

按 GB 5009.15 规定的方法检验。

6.2.7 铬

按 GB 5009.123 规定的方法检验。

6.2.8 黄曲霉毒素 B 族

按 GB 5009.22 规定的方法检验。

6.3 农残最大残留限量检验

按 GB 2763 规定的方法检验。

6.4 微生物指标检验

6.4.1 菌落总数

按 GB 4789.2 规定的方法检验。

6.4.2 大肠菌群

按 GB 4789.3 规定的方法检验。

6.5 净含量检验

按 JJF 1070 规定的方法检验。

7 检验规则

7.1 组批

以一次投料、同一生产条件生产的具有相同等级、包装规格和净含量、品质一致的产品为一批。

7.2 抽样

每批产品随机抽取样品 600 g，分成 2 份，1 份用于检验，1 份留样备查。

7.3 出厂检验

出厂检验项目为感官指标、水分、总灰分、净含量。每批次产品经质量检验部门检验合格，出具合格证后方可出厂。

7.4 型式检验

7.4.1 型式检验要求

一般每半年进行一次，有下列情形之一时亦应及时进行：

a）新产品投产时；

b）主要原料、配方、关键工艺、设备发生重大变化时；

c）生产过程中出现异常波动和产品停产 3 个月以上恢复生产时；

d）食品安全监督机构提出检验要求时；

e）出厂检验结果与上次型式检验有较大差异时。

7.4.2 型式检验项目

第 4 章中规定的项目。

7.5 判定规则

产品经检验，所检项目均符合本标准规定，判该批产品为合格品；检验结果中如有一项以上（含一项）不符合本标准规定，可自同批产品中随机加倍抽取样品进行复检，以复检结果为准，若仍有不合格项目，则判该批产品为不合格品。安全卫生指标有一项不合格则为不合格产品。

8 标志、包装、运输、贮存

8.1 标志

8.1.1 产品标签应符合 GB 7718、GB 28050 的规定。

8.1.2 产品包装箱上应标明产品名称、制造者的名称和地址、净重和数量，涉及的包装储运图示标志和收发货标志应分别符合 GB/T 191、GB/T 6388 的规定。

8.2 包装

8.2.1 包装场地应具备通风、干燥、防雨、防潮的功能，卫生符合洁净、无污染的条件。

8.2.2 包装应封装严密，不得有破损现象。包装箱应牢固，胶封结实。

8.2.3 包装材料应符合 GB 4806.7、NY/T 658 的规定。

8.3 运输

8.3.1 运输工具应清洁、卫生，产品不应与有毒、有害、有腐蚀性、易挥发或有异味的物品混装运输。

8.3.2 搬运时应轻拿轻放，严禁扔摔、撞击、挤压。

8.3.3 运输过程中不应曝晒、雨淋、受潮。

8.4 贮存

8.4.1 产品不应与有毒、有害、有腐蚀性、易挥发或有异味的物品同库贮存。

8.4.2 产品应贮存在清洁、干燥、通风良好并有防雨、防潮、防虫、防鼠设施的库房内，产品应隔墙离地存放，离地需 20 cm 以上，严禁露天堆放、日晒、雨淋或靠近热源。

9 保质期

产品保质期为 18 个月。

————————

附录一 库伦荞麦高质量标准体系框架图

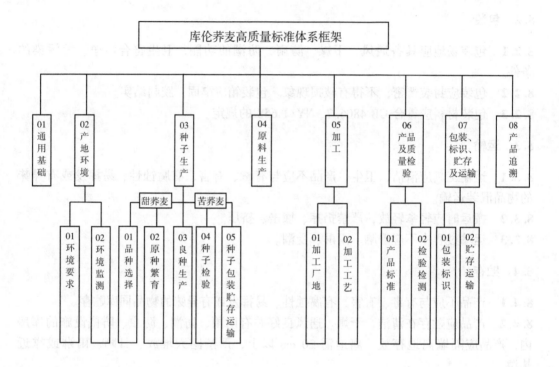

附录二　库伦荞麦高质量标准体系表

序号	体系内编号	标准名称	标准编号	标准类型	实施日期	标准状态
		01 通用基础				
1	KLQM0101-001	良好农业规范　第1部分：术语	GB/T 20014.1—2005	国家标准	2006-05-01	现行
2	KLQM0101-002	肥料和土壤调理剂　术语	GB/T 6274—2016	国家标准	2017-03-01	现行
		02 产地环境				
		0201 环境要求				
3	KLQM0201-001	库伦荞麦产地环境质量要求	DB15/T 2698—2022	地方标准	2022-08-29	现行
		0202 环境监测				
4	KLQM0202-001	农田土壤环境质量监测技术规范	NY/T 395—2012	行业标准	2012-09-01	现行
5	KLQM0202-002	农用水源环境质量监测技术规范	NY/T 396—2000	行业标准	2000-12-01	现行
6	KLQM0202-003	农区环境空气质量监测技术规范	NY/T 397—2000	行业标准	2000-12-01	现行
		03 种子生产				
		0301 品种选择				
7	KLQM0301-001	库伦荞麦　种子	DB15/T 2699—2022	地方标准	2022-08-29	现行
		0302 原种繁育				

（续表）

序号	体系内编号	标准名称	标准编号	标准类型	实施日期	标准状态
8	KLQM0302-001	甜荞麦原种繁育技术规程	DB15/T 1703—2019	地方标准	2020-01-25	现行
9	KLQM0302-002	库伦苦荞麦原种繁育技术规程	DB15/T 2700—2022	地方标准	2022-08-29	现行
		0303 良种生产				
10	KLQM0303-001	甜荞麦良种生产技术规程	DB15/T 1702—2019	地方标准	2020-01-25	现行
11	KLQM0303-002	库伦苦荞麦良种生产技术规程	DB15/T 2701—2022	地方标准	2022-08-29	现行
		0304 种子检验				
12	KLQM0304-001	农作物种子检验规程　总则	GB/T 3543.1—1995	国家标准	1996-06-01	现行
13	KLQM0304-002	农作物种子检验规程　扦样	GB/T 3543.2—1995	国家标准	1996-06-01	现行
14	KLQM0304-003	农作物种子检验规程　净度分析	GB/T 3543.3—1995	国家标准	1996-06-01	现行
15	KLQM0304-004	农作物种子检验规程　发芽试验	GB/T 3543.4—1995	国家标准	1996-06-01	现行
16	KLQM0304-005	农作物种子检验规程　真实性和品种纯度鉴定	GB/T 3543.5—1995	国家标准	1996-06-01	现行
17	KLQM0304-006	农作物种子检验规程　水分测定	GB/T 3543.6—1995	国家标准	1996-06-01	现行
18	KLQM0304-007	农作物种子检验规程　其他项目检验	GB/T 3543.7—1995	国家标准	1996-06-01	现行
		0305 种子包装贮存				
19	KLQM0305-001	农作物种子标签通则	GB 20464—2006	国家标准	2006-11-01	现行
20	KLQM0305-002	主要农作物种子包装	GB/T 7414—1987	国家标准	1987-10-01	现行
		04 原料生产				
21	KLQM0401-001	库伦荞麦全程机械化生产技术规程	DB15/T 2702—2022	地方标准	2022-08-29	现行
		05 加工				
		0501 加工厂地				

（续表）

序号	体系内编号	标准名称	标准编号	标准类型	实施日期	标准状态
22	KLQM0501-001	食品安全国家标准 食品生产通用卫生规范	GB 14881—2013	国家标准	2014-06-01	现行
		0502 加工工艺				
23	KLQM0502-001	库伦甜荞麦米加工技术规程	DB15/T 2703—2022	地方标准	2022-09-15	现行
24	KLQM0502-002	库伦苦荞麦米加工技术规程	DB15/T 2704—2022	地方标准	2022-09-15	现行
25	KLQM0502-003	库伦荞麦粉加工技术规程	DB15/T 2706—2022	地方标准	2022-09-15	现行
26	KLQM0502-004	库伦荞麦壳加工技术规程	DB15/T 2705—2022	地方标准	2022-09-15	现行
27	KLQM0502-005	库伦苦荞茶加工技术规程	DB15/T 2707—2022	地方标准	2022-09-15	现行
		06 产品及质量检验				
		0601 产品标准				
28	KLQM0601-001	地理标志产品 库伦荞麦	DB15/T 951—2022	地方标准	2022-08-29	现行
29	KLQM0601-002	库伦荞麦米质量要求	DB15/T 2708—2022	地方标准	2022-09-15	现行
30	KLQM0601-003	库伦荞麦粉质量要求	DB15/T 2710—2022	地方标准	2022-09-15	现行
31	KLQM0601-004	库伦荞麦壳质量要求	DB15/T 2709—2022	地方标准	2022-09-15	现行
32	KLQM0601-005	库伦苦荞茶质量要求	DB15/T 2711—2022	地方标准	2022-09-15	现行
		0602 检验检测标准				
33	KLQM0602-001	水质 硒的测定 石墨炉原子吸收分光光度法	GB/T 15505—1995	国家标准	1995-08-01	现行
34	KLQM0602-002	谷物碾磨制品 脂肪酸值的测定	GB/T 15684—2015	国家标准	2015-11-02	现行
35	KLQM0602-003	粮谷中 486 种农药及相关化学品残留量的测定 液相色谱-串联质谱法	GB/T 20770—2008	国家标准	2009-05-01	现行
36	KLQM0602-004	食品安全国家标准 食品中农药最大残留限量	GB 2763—2021	国家标准	2021-09-03	现行

（续表）

序号	体系内编号	标准名称	标准编号	标准类型	实施日期	标准状态
37	KLQM0602-005	食品安全国家标准 食品中水分的测定	GB 5009.3—2016	国家标准	2017-03-01	现行
38	KLQM0602-006	食品安全国家标准 食品中总砷及无机砷的测定	GB 5009.11—2014	国家标准	2016-03-21	现行
39	KLQM0602-007	食品安全国家标准 食品中铅的测定	GB 5009.12—2017	国家标准	2017-10-06	现行
40	KLQM0602-008	食品安全国家标准 食品中镉的测定	GB 5009.15—2014	国家标准	2015-07-28	现行
41	KLQM0602-009	食品安全国家标准 食品中总汞及有机汞的测定	GB 5009.17—2014	国家标准	2016-03-21	现行
42	KLQM0602-010	食品中有机氯农药多组分残留量的测定	GB/T 5009.19—2008	国家标准	2009-03-01	现行
43	KLQM0602-011	食品安全国家标准 食品中黄曲霉毒素 B 族和 G 族的测定	GB 5009.22—2016	国家标准	2017-06-23	现行
44	KLQM0602-012	粮食卫生标准的分析方法	GB/T 5009.36—2003	国家标准	2004-01-01	现行
45	KLQM0602-013	食品安全国家标准 食品中赭曲霉毒素 A 的测定	GB 5009.96—2016	国家标准	2017-06-23	现行
46	KLQM0602-014	植物性食品中辛硫磷农药残留量的测定	GB/T 5009.102—2003	国家标准	2004-01-01	现行
47	KLQM0602-015	植物性食品中氯氰菊酯、氰戊菊酯和溴氰菊酯残留量的测定	GB/T 5009.110—2003	国家标准	2004-01-01	现行
48	KLQM0602-016	食品安全国家标准 食品中铬的测定	GB 5009.123—2014	国家标准	2015-07-28	现行
49	KLQM0602-017	植物性食品中有机磷和氨基甲酸酯类农药多种残留的测定	GB/T 5009.145—2003	国家标准	2004-01-01	现行
50	KLQM0602-018	粮油检验 粮食、油料的色泽、气味、口味鉴定	GB/T 5492—2008	国家标准	2009-01-20	现行
51	KLQM0602-019	粮油检验 粮食、油料的杂质、不完善粒检验	GB/T 5494—2019	国家标准	2019-12-01	现行
52	KLQM0602-020	粮油检验 容重测定	GB/T 5498—2013	国家标准	2014-04-11	现行
53	KLQM0602-021	粮油检验 粉类粗细度测定	GB/T 5507—2008	国家标准	2009-01-20	现行

（续表）

序号	体系内编号	标准名称		标准编号	标准类型	实施日期	标准状态
54	KLQM0602-022	粮油检验	粉类粮食含砂量测定	GB/T 5508—2011	国家标准	2011-11-01	现行
55	KLQM0602-023	粮油检验	粉类粮食磁性金属物测定	GB/T 5509—2008	国家标准	2009-01-20	现行
56	KLQM0602-024	粮油检验	粮食、油料脂肪酸值测定	GB/T 5510—2011	国家标准	2011-12-01	现行
57	KLQM0602-025	绿色食品	产品检验规则	NY/T 1055—2015	行业标准	2015-08-01	现行
58	KLQM0602-026	荞麦及其制品中总黄酮含量的测定		NY/T 1295—2007	行业标准	2007-07-01	现行
59	KLQM0602-027	绿色食品	产品抽样准则	NY/T 896—2015	行业标准	2015-08-01	现行
		07 包装、标识、贮存及运输标准					
		0701 包装标识					
60	KLQM0701-001	包装储运图示标志		GB/T 191—2008	国家标准	2008-10-01	现行
61	KLQM0701-002	食品安全国家标准	预包装食品营养标签通则	GB 28050—2011	国家标准	2013-01-01	现行
62	KLQM0701-003	食品安全国家标准	食品接触用塑料材料及制品	GB 4806.7—2016	国家标准	2017-04-19	现行
63	KLQM0701-004	食品安全国家标准	预包装食品标签通则	GB 7718—2011	国家标准	2012-04-20	现行
64	KLQM0701-005	定量包装商品净含量计量检验规则		JJF 1070—2005	行业标准	2006-01-01	现行
65	KLQM0701-006	绿色食品	包装通用准则	NY/T 658—2015	行业标准	2015-08-01	现行
		0702 贮存运输					
66	KLQM0702-001	稻谷储存品质判定规则		GB/T 20569—2006	国家标准	2006-12-01	现行
67	KLQM0702-002	绿色食品	贮藏运输准则	NY/T 1056—2006	行业标准	2006-04-01	现行
		08 追溯标准					
68	KLQM0801-001	农产品质量安全追溯操作规程	通则	NY/T 1761—2009	行业标准	2009-05-20	现行
69	KLQM0801-002	农产品质量安全追溯操作规程	谷物	NY/T 1765—2009	行业标准	2009-05-22	现行

附录三 库伦荞麦高质量标准体系标准统计表

类别	子类	国家标准	行业标准	地方标准	团体标准	总计	备注
01 通用基础		2				2	
02 产地环境	0201 环境要求			1		1	
	0202 环境监测		3			3	
03 种子生产	0301 品种选择			1		1	
	0302 原种繁育			2		2	
	0303 良种生产			2		2	
	0304 种子检验	7				7	
	0305 种子包装贮存	2				2	
04 原料生产				1		1	
05 加工	0501 加工厂地	1				1	
	0502 加工工艺			5		5	
06 产品及质量检验	0601 产品标准			5		5	
	0602 检验检测标准	24	3			27	
07 包装、标识、贮存及运输标准	0701 包装标识	4	2			6	
	0702 贮存运输	1	1			2	
08 追溯标准			2			2	
合计		41	11	17		69	